地下水库设计理论与工程实践

李旺林　刘长余　汤怀义　编著

黄河水利出版社

·郑州·

内 容 提 要

本书系统地介绍了松散介质地下水库的设计理论和方法,主要内容包括概述、地下水库建库条件分析、地下水库人工回灌量计算理论、地下水库工程规划、地下水库工程设计、王河地下水库工程设计、黄水河地下水库工程设计以及地下水库存在的问题和发展前景等。

本书具有较强的创新性、理论性和实用性,可供从事水利规划设计、地下水资源开发利用等方面的工程技术人员参考使用,也可作为从事水利科学研究和地下水开发利用研究等方面科研人员的参考书籍,以及水利水电工程、农业水利工程、水文与水资源工程、水文地质工程等相关专业的本科生、研究生参考用书。

图书在版编目(CIP)数据

地下水库设计理论与工程实践/李旺林,刘长余,汤怀义编著. —郑州:黄河水利出版社,2012.6

ISBN 978 - 7 - 5509 - 0283 - 1

Ⅰ.①地… Ⅱ.①李… ②刘… ③汤… Ⅲ.①地下水库 – 水库设计 Ⅳ.①TV62

中国版本图书馆 CIP 数据核字(2012)第 114946 号

出 版 社:黄河水利出版社

地址:河南省郑州市顺河路黄委会综合楼 14 层 邮政编码:450003

发行单位:黄河水利出版社

发行部电话:0371 – 66026940、66020550、66028024、66022620(传真)

E-mail:hhslcbs@126.com

承印单位:河南省瑞光印务股份有限公司

开本:890 mm × 1 240 mm 1/16

印张:6.875

字数:200 千字 印数:1—1 000

版次:2012 年 6 月第 1 版 印次:2012 年 6 月第 1 次印刷

定价:25.00 元

前　言

　　随着我国国民经济的持续发展,工农业和城镇生活用水量迅速增加,水资源供应不足的问题日益突出。特别是进入 21 世纪以来,水资源短缺已成为制约我国北方地区经济可持续发展的重要因素。

　　长期以来,水资源短缺一直困扰着我国北方地区的经济发展。为充分利用当地的水资源,我国北方地区经常采用地表水和地下水综合利用开发的模式。在地表水资源开发利用达到较高程度的情况下,地下水资源就成为人们进一步开发利用的主要对象。在开发利用地下水资源的初期,忽视了地下水补给缓慢的特点,过度开采地下水,致使不少地下水开采区出现地下水位持续下降的趋势,并带来一系列的生态环境问题。如:大量的农用机井因地下水下降而报废,内陆地下水超采区出现大范围的地面沉降和地面塌陷,沿海地下水超采区出现大范围的海水入侵等。于是人们开始重视人工补给地下水。但地下水人工补给毕竟是地下水超采后的一种被动性的补救措施,缺乏利用地下水资源的主动性、科学性和合理性,这促使人们不断地探索科学利用地下水资源的新途径。由此诞生了一种具有地表水库相似功能的、能够主动科学利用地下水资源的有效模式——地下水库。

　　地下水库是一种主动性地、有目的地储存、调节和利用地下水资源的蓄水水利工程,尤其是可以有效利用洪水资源,改善干旱地区的缺水程度和提高流域水资源利用率。另外,地下水库具有许多地表水库无法比拟的优点,如不需占用耕地、没有土地淹没和移民搬迁安置问题、不存在溃坝风险、工程投资较少等。因此,近十年来地下水库在我国不少地区得到了迅速发展,尤其是山东、辽宁等地。目前,我国已修建了大量的地下水库,地下水库单库总库容也达到 5 000 万 m³ 以上。可以说地下水库将是我国继地表山丘区水库、平原水库之后兴起的又一类重要的蓄水水利工程。不少人将 21 世纪看成是地下水库发展的世纪。

　　然而,目前地下水库建设尚处于起步阶段,缺乏相应的规划设计经验,至今还没有制定相应的设计规程和规范,这严重制约了地下水库建设的发展。

　　尽管在地下水库的建设中还存在一些争议和问题,地下水库设计理论尚待完善,但地下水库建设中一直期盼着有关地下水库设计方面的参考书籍。山东省黄水河地下水库和王河地下水库是我国 20 世纪 90 年代兴建的两个较大规模的地下水库,其水库总库容均已超过5 000 万 m³。作者在山东省水利勘测设计院工作期间有幸参与了黄水河地下水库的部分技术工作,并负责了王河地下水库的工程规划设计工作。作者在总结地下水库勘测、规划、设计经验的基础上,进行了地下水库设计理论和应用技术的系统研究,并将自己在地下水库方面的主要研究成果、设计经验和地下水库设计中存在的一些问题介绍给读者,以期能够促进地下水库设计理论和地下水库建设事业的进一步发展。由于地下水库是一个新生的蓄水水利工程,书中内容仅代表作者的观点和看法,仅供参考。作者希望通过本书达到抛砖引玉的效果,促使更多的人关心和从事地下水库的研究工作,更好地促进地下水库的发展,使地下水库更好地造福于人民。

　　本书简要地介绍了地下水库的发展现状、主要特征和工程分类,较系统地介绍了松散介质地下水库的设计理论,主要内容包括:地下水库的设计方法、库址选择原则、水量调节计算方法、工程规划、地下坝设计、回灌工程设计、开采工程设计、排污工程设计、工程监测和工程管理等,最后介绍了王河地下水库和黄水河地下水库的规划设计情况,以及工程建设中的经验和教训。

　　地下水库是一个新生的水利工程,它符合生态水利、和谐水利的先进理念,符合可持续发展的思想,具有广阔的发展前景。

　　在作者从事松散介质地下水库设计理论体系的研究过程中,得到了河海大学殷宗泽教授、束龙仓教授,南京水利科学研究院李砚阁教授的悉心指导和无私帮助,借本书出版之际再次表示真挚的谢意。

　　本书编著的过程中,得到了济南大学、山东省水利勘测设计院、山东省莱州市水务局和山东省龙口市水务局的大力支持和帮助,在此表示衷心的感谢。

由于作者水平有限,不当之处在所难免,敬请读者批评指正。

作　者

2012 年 3 月于泉城

目　录

第一章 概 述

第一节 地下水库的发展过程

在社会经济发展的过程中,水资源成为工农业生产和人类生活中不可替代的、最为重要的自然资源之一。由于水资源在时间、空间分布上存在着不均匀性,为满足社会对水资源的需求,需要在时间和空间上对水资源进行有目的的调节。

在 20 世纪 70 年代之前,我国对水资源时空调节的主要方式是在河流的上游兴建河道型地表山丘区水库,继而实现"汛期蓄水、汛后使用、丰水年蓄水、枯水年用水"的用水方略。在 20 世纪 70 年代之后,为了满足经济发展对水资源的需求,我国水资源调节方式不仅局限于山丘区水库,而且在河流的中下游地区和平原滨海地区,也兴建了不少河道型地表平原水库和围坝型地表平原水库,从而实现了"汛期蓄水、汛后使用"的水资源调节方式;对于缺乏建设地表水库条件的我国北方地区,则普遍采取抽取地下水的方式来弥补地表水资源的不足。

进入 21 世纪以来,水资源不足的问题又成为制约经济发展的重要因素,尤其是我国北方地区,出现了大范围的水荒。为了发展经济,我国北方地区依赖大量抽取地下水来弥补地表水资源的不足,这种掠夺式的地下水开采,造成了地下水的持续超采和严重透支,致使不少开采区的地下水位出现连续下降,造成大量农用机井的报废,并引起了一系列的生态环境问题,诸如地面沉降、裂缝,以及沿海区大范围的海水入侵等。这时,人们才意识到持续超采地下水所带来的严重后果,于是开始重视进行地下水人工补给,但地下水人工补给毕竟是地下水超采后的一种被动性的补救措施,缺乏利用地下水资源的主动性、合理性和科学性,这就促使人们开始探索科学利用地下水资源的新途径。在这种背景下,我国产生了以山东省黄水河地下水库和王河地下水库为代表的、具有地表水库相似功能的地下水库。这类地下水库利用位于地下的砂砾石含水层作为水的调蓄空间,进行地表水和地下水的联合调节,并带有完整的地下水截渗系统、地表水人工回灌系统、地下水开采系统和地表水排污系统等。

我国地下水库的出现,除与地下水人工补给的发展有关外,还与地表水库的开发程度和人们对水资源的需求、对生态环境条件的要求密切相关。在 20 世纪末,特别是进入 21 世纪以来,我国经济的迅速发展,使得工农业生产用水和城镇生活用水对水资源的需求量急剧增加。对于我国北方大部分地区而言,河道型地表山丘区水库和河道型平原水库开发利用程度较高,已基本饱和,但仍然满足不了社会发展对水资源的需求;而围坝型地表平原水库,因占地、移民等社会问题,以及昂贵的土地补偿费用和巨大的工程投资,难以大量建设。同时,人们在生态环境条件方面提出了更高的要求,而建设地表水库不仅改变了库区流域的生态环境,还会带来淹没、占地、移民等复杂的社会问题,不符合可持续发展的思想,也不符合生态水利和和谐社会的要求。在这种情况下,人们面临着水资源不足的困境和地下水位持续下降的现状,同时面对每年有大量的雨洪资源无法利用的现实,就会不停的思考,究竟是缺水还是不缺水? 如何将雨洪水变害为宝? 于是将雨洪水存于地下含水层,利用含水层兴建地下调蓄水库的设想就自然而然地产生了。

国外水资源的开发利用也经历了相似的过程,但国外却较早地开展了大规模地下水人工补给,而利用含水层进行地下水资源调蓄的方式又有自己的特点。

纵观国内外地下水资源开发利用的发展过程,地下水资源开发利用的过程大体可划分为三个阶段:地下水人工补给阶段(19 世纪末期至 20 世纪 60 年代)、地下水采补系统阶段(始于 20 世纪 70 年代)和地下水库阶段(始于 20 世纪 90 年代)[1]。

一、地下水人工补给阶段

19 世纪末期,欧美国家为满足社会对水资源的需求,过度地开采了地下水资源,产生了地面沉降、海水入侵等一系列生态环境问题,并由此受到了社会的广泛关注和重视,明确地提出了进行地下水人工补给和恢复补采失衡的地下水系统。

美国在1889年就开始进行地下水人工补给的探索和实践,但是直到20世纪30年代才重视并开始进行大规模的地下水人工补给。如纽约东部的长岛地区,为了满足空调系统的冷却用水,大量抽取低温地下水,致使该区的地下水位下降到海平面以下,导致地下水资源的枯竭和海水入侵,引起州政府的高度关注。1933年,长岛地区州政府通过一项决议,要求以空调用水为目的的用户在抽取地下水的同时,必须通过注水井或渗透池对地下水进行人工补给。长岛地区先后建立了400个汇集雨水的渗水池,每个面积为 0.44 hm^2,深为 9 m,提高了该岛的供水能力,并阻止了海水侵染。再如美国加利福尼亚州,为阻止海水入侵,1951年在滨海地区进行了地下水人工补给的试验研究,并沿曼哈顿海岸线一带布置了一系列的补给井,1953年开始用经过处理的科罗拉多河水向井中注水,每天的地下水补给量达 1.42 万 m^3,占当时美国人工补给总水量的一半以上。

荷兰阿姆斯特丹的滨海砂丘人工回灌设施已有70多年历史,他们在洪水季节将淡化了的莱茵河水通过天然入渗和大井注入的方式,回灌至含水层,年灌入量达 4 000 万 m^3,解决了枯水季节水源缺乏的问题。以色列采用钻孔灌注补给地下水,每年地下水人工补给量达到了 1.32 亿 m^3。俄罗斯一直致力于人工地下水回灌的研究和应用,编制了地下水回灌系统设计及工程运行指南,已有30多处取水工程建立了新的人工补给系统,还兴建了地下淡水堤以阻止海水的侵入。

我国地下水人工补给的起步较晚,始于20世纪50年代末,上海地区一些工厂为了增加深井的出水量,尝试利用附近废弃深井进行回补地下水的试验。1963年,上海市广泛开展了人工补给地下水的试验工作,将大量的地表水补充地下,遏制了地下水位的下降,有效地控制了地面沉降。同时,我国北京、天津、陕西和浙江等地也相继开展了一系列的地下水人工补给的研究和实践。

这一时期地下水人工补给的主要特点表现为地下水长期超采后

的、单纯的地下水被动回补,但正是这个时期,人们充分意识到地下水人工补给的重要意义。

二、地下水采补系统阶段

随着地下水人工补给的发展,人们将地下水开采和地下水人工补给有机地结合起来,建立了不同形式的地下水采补系统,实现了地下水资源的人工调蓄。地下水人工补给发展到一个新的历史阶段。

由于地域和习惯称呼等方面的差别,世界各国对地下水采补系统的称谓不同,主要存在四种形式的叫法,如地下水人工补给(Artificial Recharge ,缩写为 AR)、含水层储存和回采(Aquifer Storage and Recovery ,缩写为 ASR)、人工回灌和抽水系统(Artificial Recharge-Pumping Systems,缩写为 ARPS)、含水层储水和利用工程。

(一)地下水人工补给(Artificial Recharge,AR)

从 20 世纪 50 年代起,地下水人工补给引起了更广泛的关注,世界各国在长期的地下水人工补给实践中,拓展了其服务领域和功能,不再是在超采区进行单纯的地下水人工补给,而是将地下水人工补给和地下水开采结合起来,保证了地下水的可持续开采。

美国奥伦奇市(Orange)在 1956 年开始利用当地有利的地形和地质条件,将当年剩余的水资源和污水处理过后的达标中水,通过河道、人工湖以及竖井等技术,将地表水回灌到地下,储存于近地表的含水层中,以便在干旱或缺水季节抽取利用。这样不仅有效遏制了海水入侵,而且在水资源的储存上,避免了蒸发,实现了水资源的年内和多年调蓄,保证了水资源的稳定供给,地下水价也只有地面调水价格的 1/3。

以色列在地下水人工补给方面以渗透池为主,每年将洪水蓄积到地表蓄水池内,使水中固态颗粒物质沉淀,然后将这些水输到面积约为 40 hm^2 的渗透池中,水渗入地下由砂岩和灰岩组成的含水层中,每年可储存约 2 亿 m^3 的地下水。到夏季用水高峰时,在从距渗透池 100 ~ 500 m 的地方挖井,抽取地下水来使用。

英国伦敦采用五个月回灌、七个月抽水和四年回灌、一年抽水组成的循环体制,对人工调控水资源起重要作用。

总之,在这个时期,人们懂得了科学地利用地下水,能够初步实现地下水的调蓄,在开采利用地下水的同时,利用丰水季节的洪水或达标中水回补地下水,以维持和扩大地下水的可开采量,或防止地下水位大幅降低,避免引起地面沉降、海水入侵等一系列的生态环境问题。

(二)含水层储存和回采(Aquifer Storage and Recovery,ASR)

在 20 世纪 70 年代,人们提出了含水层储存和回采利用技术,并在地下水开采和回补的理论与实践方面取得了突破性的进展,在 20 世纪 80 年代后,含水层储存和回采技术得到了广泛的推广。在这个阶段,人们能够利用特定的含水层,将地下水补给、储存、开采有机地结合起来,实现了对地下水资源的有效控制和利用。

美国自 20 世纪 50 年代起,为了解决滨海地区和干旱地区高峰用水季节的水供应问题,开始在地下咸水层内进行储存淡水的试验,70 年代后逐渐发展形成了 ASR 技术。1989 年 Pyne 第一次用"Aquifer Storage and Recovery(ASR)"一词来描述含水层的人工回灌和再利用问题。

美国的 Aquifer Storage and Recovery(ASR)是指在丰水季节将可饮用水通过注水井的方式储存到合适的含水层中,在用水高峰期或枯水季节再通过同一眼井将水抽取出来使用,抽出的水不能超过注入水的水量。在 ASR 技术中,最核心的问题是注水井的堵塞和保证地下水不被污染。

ASR 技术主要应用于以下九个方面:①增加地下水资源量;②降低地下水中的盐分;③防止海水侵染;④处理废水并使其回用;⑤提高注入水的纯度;⑥补充处理水的峰荷;⑦储存热能;⑧减小洪水;⑨防止地面沉降。

美国目前正在实施"含水层储存和回采工程"计划,截至 2002 年 7 月,美国正在运行的 ASR 系统共有 56 个,而建成的 ASR 系统则有 100 个以上。仅美国佛罗里达州南部,在墨西哥海湾沿岸已经修建了 26 个 ASR 工程,大约有 330 口 ASR 井;下一步,该州将会在内陆湖 Okeechobee 周围修建更多的 ASR 工程。目前,ASR 工程是美国 CERP (Comprehensive Everglades Restoration Plan,综合湿地恢复计划)的重要组成部分。美国国家研究理事会水科学与技术委员会和美国地质调查局水资源研究分委会,还把"含水层储存和回采工程"作为"区域和全国尺度地下水系统调查"最优先资助领域之一。

（三）人工回灌和抽水系统(Artificial Recharge-Pumping Systems,ARPS)

荷兰东格尔德兰市(Eastern Gelderland)发展了一种新的地下水人工补给方式——人工回灌和抽水系统 ARPS (Artificial Recharge-Pumping Systems)。ARPS 是指在离回灌池(井)一定距离的范围内布置抽水井,在抽取地下水时注重抽水系统对整个含水层地下水位的影响。人工回灌和抽水系统 ARPS 利用采砂坑作为回灌池,回灌池直径约 560 m,深约 15 m,开采井深约 30 m,开采井布置在离回灌池池边一定距离处,计划年开采地下水 5×10^6 m^3。由于荷兰的地势比较平坦,因此对 ARPS 要求是:①在满足抽水量的前提下,ARPS 系统引起含水层地下水位下降的幅度不超过 25 mm;②由开采井中抽出的地下水,通常要求在含水层中停留一段时间,地下水从回灌地到抽水地,至少要经过 60 d 的渗流时间。

（四）含水层储水和利用工程

在我国,凡涉及利用储水构造蓄存地下水的工程都称为地下水库,有的甚至将储水构造自身也称为地下水库。在使用"地下水库"一词时,既不严格,也不规范。这里将名义上称为地下水库,实际上只利用含水层进行地下水补给和开采功能的系统称为地下水储存和利用工程。

1975 年,河北省兴建了仅有深井回灌系统的南宫地下水库,标志着我国含水层储水和利用工程的开始。南宫地下水库是我国第一座含水层储水和利用工程,该库是 1975 年兴建的一座无坝地下水储存和利用工程,蓄水 48 亿 m^3,库区长 20 km,宽 10 km,地下砂层厚 30 m,库底是不漏水的黏土层,库面是入渗条件良好的砂壤土,同时利用深井进行地表水回灌。水库补给水源充足,初步建成提水、输水、拦洪、排水、引渗等工程设施,已达到库水有源,提水有路,可采可补。

北京西郊地下水库是我国较早进行系统研究的一座含水层储水和利用工程,该库处于永定河冲洪积扇中上部,利用河道、首钢大口井、砂石坑进行回灌,并通过建闸、坝拦蓄洪水,增加河道入渗回灌量,取得了一定的效果,使得永定河河床地下水位上升了 2～3 m,但是从某种意义来讲,北京西郊地下水库仅建有地下水人工补给的工程措施。

三、地下水库阶段

在地下水采补系统发展的同时,也出现了一些简单的具有地表水库类似功能的地下水库,特别是 20 世纪 90 年代后期,具有地表水库类似功能的地下水库在我国得到了快速发展。与地下水采补系统不同,地下水库一般具有相对封闭的含水层,进入库区含水层内的水与外界隔离,能够对地下水库库区内的水资源实行有效的控制,同时地下水库也有相对完整的地下截渗系统、地表水人工回灌系统、地下水开采系统和地表水截污系统等,基本具备地表水库类似的功能。目前,地下水库主要有两种方式,在日本被称为地下水坝工程,而我国称为地下水库。

(一)日本的地下水库

日本作为一个岛国,海水入侵严重,为阻止海水入侵和有效利用地表、地下径流,于 19 世纪初产生了建设地下水库的设想,即在地下径流入海前,利用地下帷幕坝截住地下径流,并在上游建立地表水回灌工程,将地下水和地表径流留存在含水层中,既阻止了海水入侵,又提高了地下水位。然而,由于地下截渗技术的限制,直到 1972 年,日本才在长崎县野母崎町桦岛建造了第一座地下水库(集水面积 0.6 km^2,总库容 9 000 m^3),以后又陆续建造了冲绳县宫古岛地下水库(1977 年,集水面积 1.7 km^2,总库容 70 万 m^3)、福井县常神地下水库、冲绳县砂川地下水库(1989 年,总库容 950 万 m^3)等。

日本的地下水库大多建于滨海岛屿砂砾石含水层地区,在地下水流入大海之前,通过建造地下防渗墙的办法截断潜流。建造地下水库的目的有两个:一是拦住上游地下水,抬高地下水位,以便更加有效地利用地下水;二是防止海水入侵,避免水质恶化。

日本在建造地下水库地下帷幕坝的过程中,提出了一些建造地下帷幕坝的新的、比较先进的施工方法和施工工艺,如采用灌浆和高压灌浆建造地下防渗板墙的方法。例如,宫古岛地下水库的挡水方法采用灌浆方法建造厚达 5 m 的防渗帷幕;野母崎町桦岛地下水库 1974 年采用普通灌浆法施工,1980 年采用双重管灌浆法加固达到了防渗效果;常神地下水库采用自硬性稳定固化液材料建造连续防渗墙等。日本地下水库的取水方法有水井法和集水横井法,其中集水横井法是在井中打集水横向井,类似我国的辐射井,可以避免集水竖井引起的降落漏斗。例如,宫古岛地下水库集水竖井直径为 3.5 m,深度为 25 m,集水横井有两种形式,一种是直径为 0.2 m、长度为 100 m 的井,另一种是直径为 0.4 m、长度为 25 m 的井。日本地下水库地下水补给大多采用大型渗水池、地下渗水沟等设施。

总的来说,日本较早地开展了地下水库建设。日本建设地下水库的特点是比较注重地下水坝的建设,提出了一些比较先进的地下坝施工方法和施工工艺,不足的是,所建地下水库的规模偏小。

(二)中国的地下水库

山东省是我国目前建设地下水库数量较多、研究程度最深的地区,其代表性的地下水库有:①八里沙河地下水库,是我国最早的一项小型地下水库试验工程。该库位于山东省龙口市大陈家镇以北,地下坝全长为 756 m,含水层以中粗砂和亚砂土为主,兴利库容和总库容分别为 35.5 万 m^3 和 39.8 万 m^3。②黄水河地下水库,是我国建设的第一座地下水库。该库位于龙口市境内黄水河中下游平原区,库区回水总面积为 51.82 km^2,地下水库总库容为 5 359 万 m^3,最大地下水库调节库容为 3 929 万 m^3,地下坝坝轴线长为 5 842 m;人工补源工程包括人工渗井工程和河道拦蓄工程。③王河地下水库,是我国建设的第二座地下水库。该库位于莱州市西北 7.5 km 处的王河下游,距莱州湾约 2 km,库区总面积为 68.49 km^2,地下水库总库容为 5 693 万 m^3,地下坝最大墙高为 36.81 m,地下坝坝轴线总长度为 13 593 m;回灌工程包括王河河道反滤回灌井、人工渗井渗渠回灌工程,过西引水渠反滤回灌井、回灌池(尹家人工湖)回灌工程,王河河道表面蓄水入渗工程等。④济宁市地下水库。该水库位于地下水开采漏斗区,利用疏干含水层空间进行地下水库规划建设,地下调蓄水位上限为 3.5 m,下限为 21 m,调蓄库容为 4.43 亿 m^3。⑤莱芜市的傅家桥地下水库。该水库位于莱芜盆地东南部的河谷地带,利用地表第四系砂砾石含水层和中深部奥陶系灰岩裂隙岩溶含水层作为地下水库储水空间,是一种松散砂砾石含水层与岩溶含水层混合的地下水库。

东北地区,特别是辽宁省,也是我国建设地下水库较多的地区,先后修建了龙河地下水库、三涧堡地下水库、老龙湾地下水库等。其中,龙河地下水库位于旅顺口区龙河跃进桥上游约 650 m,地下水库工程由地下帷幕坝、橡胶坝、补源沟和集水廊道四部分工程组成;地下帷幕坝长 544.6 m,橡胶坝长 60 m,补源沟 10 条,集水廊道 2 组,其中每组集水廊道由 2 条组成,每条含 1 眼集水井和 3 个检查井。

我国南方贵州、广西等地相继建设了一批地下河岩溶地下水库,如贵州省普定县马官地下水库、贵州省普定县后寨地下水库、贵州省怀仁县长岗地下水库、贵州省独山县南部地下水库、广西省来宾县小平阳地下水库等。马官地下水库位于贵州省普定县马官镇,由地下河管道系统组成,即由单一的水平溶道与两个垂直竖井及裂隙组成的岩溶管道系统构成,是典型的岩溶介质地下水库,它的特点是在地下河出口的洞口段,建造一座重力式圆形拱坝,以抬高水位,蓄水建库。

我国也有不少滨海及岛屿地区的地下水库。例如,湄洲岛地下水库处于福建省莆田市湄洲岛中部平原,其近东、西向临海,近南、北向是低山丘陵。库区平原地区上多为砂性土壤,无常年水流,地下水埋深为 1~2 m(相应高程为 2~3 m),整个库区基岩为燕山花岗岩,大多风化较深。该库采用射水法建造了东、西两个地下混凝土连续防渗墙,截断潜流,使岛的东、西两边与南、北端火成岩衔接,而底部基本不透水,形成一座地下水库,地下水库有效库容为 115 万 m³,大大地缓解了岛上用水紧张状况,是利用滨海及岛屿地区蓄水构造建造的一座典型的地下水库。

总之,我国地下水库建设的数量以及建设地下水库的规模已走在世界前列。

第二节 地下水库的基本概念

地下水库是一个相对比较新潮的词语,人们对地下水库概念的描述也不尽相同,国外学者对地下水库概念的理解也存在差异。下面先介绍有关地下水库概念的各种描述,再介绍作者对地下水库概念的理解。

一、国内有关地下水库的描述

国内学者有关地下水库的描述存在以下几种方式:

第一,《水文地质术语》(GB/T 14153—93)中,将地下水库定义为"地层中能储存外来补给水源又便于开发利用的地下储水层"[2]。

第二,林学钰 1984 年提出"地下水库是一个便于开发和利用地下水的储水地区,具有多种功能,包括水的供给、储存、混合和输送"[3]。

第三,赵天石 2002 年提出"地下水库是利用地壳内的天然储水空间,储存水资源的一种地下水开发工程,天然储水空间就是含水层,包括坚硬岩石和松散堆积物中的空隙、孔隙、裂隙、溶洞等"[4]。

第四,杜汉学 2002 年提出"地下水库就是指存在于地下的天然大型储水空间,一般指厚度较大、范围较广的大型层状孔隙含水层,也可能是大型岩溶储水空间、大型含水断裂带等",并认为为便于社会接受,将一些地区的厚大含水层或大型储水构造应进一步命名为"地下水库"[5]。

第五,作者 2004 年提出"地下水库是利用天然地下储水空间兴建的具有拦蓄、调节和利用地下水流作用的特殊的水库"[6,7]。

第六,杜新强、李砚阁等 2008 年提出"地下水库是指以岩石空隙为空间,在人工干预作用下形成的具有较强调蓄能力的水利工程"[8]。

可见,我国地下水库的概念起源于水文地质学,但随着地下水库建设的发展,地下水库的含义已超出水文地质学的范畴,成为水利工程中的一个概念。

二、国外有关地下水库的描述

国外学者有关地下水库概念的描述也存在多种说法:

第一,在国际上通行的水文地质学术语中,地下水库(Ground Water Reservoir)和含水层(Aquifer 或者 Ground Water Reservoir)具有相近的含义,但是往往称为含水层(Aquifer)。

第二,地下水库的提法最早起源于日本,日本20世纪初在开发栃木县的那须野原时,就有人提出在地下建防渗墙来储蓄地下水的设想,即建设地下水库[9],地下帷幕坝的作用是双重的,既阻止了海水入侵,又提高了地下水位,留住了地下水。

第三,美国的 Aquifer Storage and Recovery(ASR,含水层储存和回采),接近于我国的地下水库。ASR 是指在丰水季节将可饮用水通过注水井储存到合适的含水层中,在用水高峰期或枯水季节再通过同一眼井将水抽出来使用,抽出的水不能超过注入的水。但同我国的地下水库相比,ASR 有两点不同:一是 ASR 主要利用中深层水质较差的承压含水层;二是 ASR 的补给井和开采井为同一口井。可见,ASR 只是一种具有回灌和开采系统的简单的、特殊的地下水库。

第四,荷兰发展了一种新的地下水人工补给方式,称为人工回灌和抽水系统 ARPS(Artificial Recharge-Pumping Systems),ARPS 是在离回灌池(井)一定距离的范围内布置抽水井,在抽水的同时,注重抽水系统对整个含水层地下水位的影响。

三、地下水库的定义

地下水库是一个相对的概念,是相对地表水库而言的。与地表水库类似,地下水库主要体现在人工对地下水径流的有目的的调控。与地表水库不同,地下水库将水储存于地下蓄水构造中,一般不涉及淹没、占地、移民和防洪等问题。

如何定义地下水库?作者认为:地下水库是利用天然地下储水空间兴建的具有拦蓄、调节和利用地下水流作用的特殊的蓄水工程。它包含三层意思:一是地下水库位于具备一定条件的天然地下储水空间中,即地下蓄水构造或含水层,天然地下储水空间由岩体和松散堆积层中的孔隙、裂隙和溶隙组成;二是强调地下水库具有人为地拦蓄和调节地下水流的作用;三是指明地下水库是一种将水存放于地下的特殊的蓄水工程。

在理解地下水库概念的同时,应强调以下几点:

第一,地下水库不同于地下水人工补给,地下水人工补给只是地下水资源超采后的一种被动的补救措施,是为了单纯地增加地下水资源的储量而进行的地表水回灌。

第二,地下水库不同于含水层,含水层是地下能导水的饱水岩层,是一种天然的储水构造,是构成地下水库的载体;而地下水库像地表水库一样,具有人为地拦蓄和调节地下水流的能力。因此,笼统地将厚大含水层或大型储水构造命名为"地下水库"是不科学的。地下水库的特点在于人为地干预了地下水流的天然调节能力和扩大了含水层的蓄水能力,天然厚大含水层不一定是地下水库。从水利工程的角度来讲,为了便于社会的接受和认可,可将厚大含水层或大型储水构造命名为"地下湖"。

第三,地下水库不仅仅是地下水开发工程,而且具有多种功能。譬如,地下水库除具有开发利用地下水的功能外,还具备一定的防洪能力和防治海水侵染的能力,还具有恢复地下水生态的能力,部分地下河及管道岩溶地下水库还可以用于水力发电,甚至航运等。

第四,美国的 ASR 和荷兰的 ARPS 都具有地下水库的含义,但实质上还停留在地下水人工回灌和地下水采补系统的范围内。

四、地下水库的特征

地下水库是一类新兴的蓄水水利工程,具有地表水库类似的功能,但不同于地表水库,与地表水库相比,地下水库具有以下特征:

第一,地下水库是利用岩体和松散堆积层中的孔隙、裂隙和溶隙等天然地下储水空间进行水资源的调蓄,将水储存于地下,是地表水库和地下水库最主要的区别。

第二,地下水库含有大量的回灌设施,具有将地表水转化为地下水的能力,可实现地表水、地下水的联合利用和调蓄,这是地下水库的主要特征。

第三,在地下水库中,人工调节地下水流的方式主要有三种:一是通过建造地下截渗设施抬高地下水位,截住和多蓄地下水;二是通过人工入渗回灌补源设施增强了地表水转化地下水的能力;三是通过地下水开采留出了地下蓄水空间,相应地增大了地下水的蓄水量。

第四,同地表水流相比,不同的地下水流具有不同的运动特征,描述地下水流运动的规律和理论也不同。

比如对于由松散介质组成的含水层,地下水以孔隙水的形式存在于松散介质的孔隙中,地下水流表现为孔隙水流的特性,孔隙水的分布相对均匀,孔隙水流的连通性较好,可假定含水层为连续介质,用达西定律和裘布依假定描述,在此基础上建立孔隙介质地下水运动的微分方程。

对于由裂隙介质组成的含水层,地下水以裂隙水的形式存在于岩体裂隙中,裂隙水的分布受构造的影响,具有明显的方向性、不均匀性,而且水流的连通性也受构造的影响。裂隙介质实质上是岩块－裂隙系统,是非连续的、各向异性的。如果把裂隙水渗流简化成等效连续介质模型、双重介质模型,则可采用连续介质理论描述,可以应用孔隙介质渗流理论,但并不是所有的岩体裂隙都可以简化为连续介质的,同时有关模型的参数较难确定,并会给计算结果带来较大的误差。如果把裂隙水渗流描述成网络裂隙介质模型,按非连续介质水流理论进行渗流分析,则比较复杂。

对于由岩溶介质组成的含水层,地下水以溶隙水的形式存于岩溶裂隙含水层或岩溶地下河中,库区内含水层的分布由岩溶发育特点决定,相应地下水流特性的差异也很大,如地下河及管道岩溶的水流特性类似于管道流或地表河流的特性,而裂隙岩溶的水流特性类似于裂隙介质渗流的特性等。

第五,地下水库可以将汛期洪水经回灌设施转换、储存于含水层,提高了流域水资源的利用率。

第六,地下水库将水储存于地下,水面蒸发损失小,减小了库水的损耗,提高了蓄水的有效利用率。

第七,地下水库将水储存于地下,不占地,不淹没,不存在移民搬迁,可节约大量土地和减少大量的工程建设投资。

第八,地下水库将水储存于地下,不存在水库防洪问题,相反还具有一定的接纳洪水的能力,不存在垮坝等风险,具有较高的安全性。

第九,砂砾石含水层具有一定的过滤和净化水质的能力,利用地下水库调蓄水资源,库水水质还可以得到一定程度的天然净化和改善。

但是,如果地下水库利用不当,也会带来以下危害:

第一,若地下蓄水位过高,松散介质地下水库可能引起库区内土壤次生盐碱化和沼泽化,而岩溶地下水库则可能产生地表淹没等问题。

第二,如果回灌已污染的水,含水层可能被污染,而一旦地下水受到污染,治理难度更大。

第三,地下水量调节的过程相对缓慢。

第四,地下水库的水储存于地下,库水的管理难度相对较大。

第三节　地下水库工程分类

地下水库工程分类的目的是系统地进行地下水库的理论研究,以及便于进行地下水库建设经验的交流和推广。地下水库的分类应反映地下水库的本质特征,应具有科学性、普遍性和实用性。

地下水库将水储存于含水层中,并由此而不同于地表水库。储水介质特性的不同,会影响地下水的赋存形式、地下水分布和运动特征,以及描述地下水流运动的规律和理论,从而影响地下水库的结构和设计理论,储水介质对地下水库特性的影响详见表1-1。

表1-1　储水介质对地下水库特性的影响

项目	松散介质	裂隙介质	岩溶介质	混合介质
储水空间	孔隙	裂隙	溶隙	孔隙、裂隙、溶隙的组合
载体岩性	主要为松散的砂、卵砾石层	含有断裂构造的岩层	岩溶	取决于介质
水流特性	孔隙渗流	裂隙渗流	裂隙渗流或管道流或地下河明流	取决于介质
地下坝的方式	可采用各种截渗措施建造地下坝	采用灌浆或钻孔的方式建造地下坝	裂隙岩溶采用灌浆或钻孔的方式建造地下坝,地下河采用重力坝、拱坝、闸等挡水建筑物	取决于介质

续表 1-1

项目	松散介质	裂隙介质	岩溶介质	混合介质
回灌布置	无限制条件	受限于裂隙构造	裂隙岩溶取决于断裂构造	取决于介质
开采布置	无限制条件	受限于裂隙构造	受限于岩溶构造	取决于介质
功能	供水、防洪、防止海水侵染、恢复地下水生态、储能、净化水质等	供水、防洪等	供水、防洪、发电、航运等	取决于介质
回灌中的主要问题	堵塞	未发现	裂隙岩溶未发现，地下河不堵塞	取决于介质
引起的环境地质问题	地下水位升高引起的土壤次生盐碱化		地下水位升高引起的淹没问题	取决于介质

表 1-1 说明储水介质不仅能反映含水层的主要特征和本质差别，也影响到地下水库的功能、设计以及设计理论，因此利用储水介质进行地下水库分类是适宜的。

地下水库的储水介质分类法就是根据储存地下水载体的不同进行地下水库分类的一种方法。根据地下水载体的不同，即储水介质的不同，可将地下水库分为松散介质地下水库、裂隙介质地下水库、岩溶介质地下水库和混合介质地下水库四类。另外，考虑到同一类储水介质地下水库主要特征的差异，还可进行地下水库亚类的划分。地下水库储水介质分类法见表 1-2。

表 1-2　地下水库储水介质分类法

一级分类	二级分类	主要特征	实例
松散介质地下水库	有坝	砂、卵砾石层蓄水构造,地下水流为孔隙渗流,需要建地下坝挡水,主要问题是回灌堵塞	王河地下水库、黄水河地下水库
	无坝	砂、卵砾石层蓄水构造,地下水流为孔隙渗流,无须建地下坝挡水,主要问题是回灌堵塞	南宫地下水库
裂隙介质地下水库	有坝	裂隙蓄水构造,地下水流为裂隙渗流,需要建地下坝挡水,回灌、开采布置受限于裂隙分布	无
	无坝	裂隙蓄水构造,地下水流为裂隙渗流,无须建地下坝挡水,回灌、开采布置受限于裂隙的分布情况	无
岩溶介质地下水库	地下河及管道岩溶	地下河及管道岩溶蓄水构造,地下水流为管道流或明流,一般需要筑坝挡水,回灌、开采布置受限于地下河及管道岩溶的分布情况	马官地下水库
	裂隙岩溶	裂隙岩溶蓄水构造,地下水流为裂隙渗流,视具体情况确定是否需要建地下坝挡水,回灌、开采布置受限于裂隙渗流岩溶的分布情况	无
混合介质地下水库	松散与岩溶介质	具有松散介质与岩溶介质地下水库的特征	傅家桥地下水库
	裂隙与岩溶介质	具有裂隙介质与岩溶介质地下水库的特征	无
	松散与裂隙介质	具有松散介质与裂隙介质地下水库的特征	无

从地下水库分级管理的角度出发,根据地下水库库容的大小,可将地下水库分为五类,详见表1-3。与地表水库分类法不同,地下水库地下储水空间的深度可超过几百米,深层地下水所占的库容有可能成为库容的主体,而从经济、环境和生态学的角度出发,仅能让有限深度的地下水参与水库的调节(仅考虑地下水水量交换,不考虑地下水水质交换),因此在进行地下水库分类时,用总库容就难以真实地反映地下水库的实际规模,采用有效地下库容才能在实际分类中反映地下水库库容的大小。有效地下库容,即地下库容的有效库容,指地下水库储水空间中某地下高程(埋深)以上、参与地下水量调节的那部分地下水所占据的地下水库的库容。

表1-3 地下水库管理分类法

分类	大(1)型	大(2)型	中型	小(1)型	小(2)型
库容指标 (亿 m³)	$V_a \geqslant 10$	$10 > V_a \geqslant 1$	$1 > V_a \geqslant 0.1$	$0.1 > V_a \geqslant 0.01$	$0.01 > V_a \geqslant 0.001$

注:V_a 指有效地下库容。

第二章　地下水库建库条件分析

兴建地下水库需要具备两个最基本的条件：一是要有足够的天然地下储水空间；二是要有充足的水源。一般而言，具备这两个条件就可建设地下水库，但从工程使用的角度而言，仅有这两个条件还是不够的。譬如：若将污染的回灌水灌入含水层中，不仅会污染地下水库库区中的地下水，若污染严重的话，还会丧失地下水库的使用价值。若建设地下水库前，忽略了生态环境条件的因素，建成后，在地下水库运行过程中，就可能对库区周围原有的生态环境条件产生负面的影响，如地下水上升引起土壤的盐碱化，以及恶化了农作物、微生物生长的环境和生态条件等。此外，建设地下水库还应考虑地下水利用的可循环性、长期性等。因此，地下水库建设除应考虑天然地下储水空间和水源两个基本条件外，还应考虑环境生态条件和可持续条件。

第一节　地下储水空间

天然地下储水空间一般指各种含水层，有时称地下蓄水构造，如洪积扇、冲积扇、地下岩溶等。地下储水空间中的孔隙、裂隙和溶隙的总和构成地下水库的库容，地下储水空间的大小决定着地下水库库容的大小，地下储水空间是地下水库的基本组成部分。

一、地下水库对地下储水空间的基本要求

地下水库是利用天然地下储水空间兴建的具有拦蓄、调节和利用地下水流作用的一种蓄水水利工程。地下水库的储水空间，既是一种普通的蓄水构造，又要满足一定的条件，即必须满足库容条件、水量交换条件、可利用条件和封闭性条件[10]。

库容条件是指地下水库天然储水空间必须具有足够的库容和连通

性。足够的库容是指天然储水空间应具有足够的孔隙、裂隙和溶隙。太小的蓄水构造，所建造地下水库的可利用价值较小，不经济。足够的连通性是指整个储水空间内的地下水必须具有良好的流动性。

水量交换条件是指地下水库天然储水空间必须保证地表水和地下水能够快速进行水量交换的条件，即需要天然储水空间本身具有或通过工程措施能够达到足够的渗透性。亚砂土等低孔隙度、低渗透性的蓄水构造地区一般不宜选做地下水库。

可利用条件是指地下水库的天然储水空间必须满足可利用地下水的要求，天然储水空间的埋深适宜，地下水可开采，经济合理。

封闭性条件是指地下水库天然储水空间的底部存在相对不透水层，库区四周边界相对封闭或通过工程措施使之相对封闭，库区不存在无法控制的深大、导水性断裂构造，以保证能够有效地控制进入库区内的地下水流，避免过量的库区渗漏。

二、影响地下水库储水空间蓄水能力的主要因素

影响地下水库储水空间蓄水能力的主要因素有地层岩性、地质构造、自然地理条件和人为因素等。

地层岩性对储水空间蓄水能力的影响是指地下水库储水空间由含有空隙构造的岩层组成，如砂卵石层或具有岩溶构造的石灰岩、白云岩等，地层岩性决定储水空间的蓄水能力。

地质构造对储水空间蓄水能力的影响是指大地构造、新构造运动、褶皱、断层、火成岩入侵等对地下水库蓄水构造（储水空间）的影响和控制。它包括两方面的影响：一方面指地质构造影响，形成了蓄水构造的岩层，另一方面指构造运动产生了蓄水构造的节理、裂隙及断层破碎带。

自然地理条件指气候、地形、河流等因素。这些因素对地下水库蓄水构造（储水空间）的形成和地下水的赋存都有重要的影响。如气候的差异影响降水量的大小，而降水入渗是地下水补给的重要组成部分；地形的不同影响地下水的赋存环境和排泄方式；河流的状况影响河水与地下水的转化关系等。

人为因素是指兴建地下坝、人工回灌设施以及其他水利工程对地

下水的补给、储存、径流和排泄的影响。兴建地下坝阻断了原来的地下水径流和排泄,并抬高了库区上游的地下水位;人工回灌增加了地下水补给量;其他水利工程也会影响和改变地下水的补给、储存、径流和排泄等。

三、地下水库储水空间的特点

地下水库储水空间是一种蓄水构造。蓄水构造是富集地下水的地质构造形式。蓄水构造是地下水形成、运动和储存的场所。根据自然地理和空隙的性质,我国的蓄水构造可分为孔隙蓄水构造、岩溶蓄水构造、裂隙蓄水构造和地区性蓄水构造等四种类型。孔隙蓄水构造又分为山间河谷蓄水构造、山间盆地蓄水构造、冲积平原蓄水构造、冰水沉积蓄水构造和半胶结砂岩蓄水构造等五种类型。岩溶蓄水构造分为裂隙岩溶蓄水构造、层间岩溶蓄水构造、断层岩溶蓄水构造、侵入体岩溶蓄水构造、膏溶角砾岩蓄水构造、地下河及管道蓄水构造、覆盖岩溶蓄水构造和隐伏岩溶蓄水构造等八种类型。裂隙蓄水构造分为风化裂隙蓄水构造、节理裂隙蓄水构造、层间裂隙蓄水构造、断层裂隙蓄水构造、侵入体裂隙蓄水构造、玄武岩裂隙蓄水构造等六种类型。地区性蓄水构造分为干旱地区蓄水构造、黄土地区蓄水构造、沙漠地区蓄水构造、滨海及岛屿地区蓄水构造、冻土地区蓄水构造和热水蓄水构造等六种类型[11]。

地下水库中的储水空间是一种蓄水构造,其储水的容积就是蓄水构造中的各种空隙。地下水库储水空间除具有普通蓄水构造的一般性质外,还应具有一定特性。与普通蓄水构造相比,地下水库储水空间具有以下几个特点:

第一,研究对象和研究重点的差异。蓄水构造主要研究地质体的空隙系统,以及地下水系统的天然补给、径流和开采;地下水库储水空间是除需研究蓄水构造的内容外,还应研究不同储水空间的地下水人工补给特性,以及地下截渗系统对储水空间影响等;这表明地下水库储水空间的研究范畴大于蓄水构造。此外,蓄水构造重点研究地下水的开采及其开采区的地质构造;地下水库储水空间重点研究地下水的人工补给和地下储水空间的储水特性等。

第二,功能用途的不同。蓄水构造是生活、工农业用水的水源地;地下水库储水空间除用做水源地外,还可作为防洪库容的一部分等。

第三,对地下水控制方式的不同。蓄水构造中地下水主要是自然调节和控制,人工补给为辅;而地下水库储水空间中地下水主要是自然调节、自然控制和人工调节、人工控制并举,更主要的体现在人工调节、人工控制。

第四,地下水补给的差异。蓄水构造中地下水补给,主要是天然补给,人工补给是开采后的被动措施;而地下水库储水空间中地下水补给,除天然补给外,更重要的是人工补给,人工补给是有目的的、积极的主动措施。

第五,地层岩性的特点。目前,构成地下水库储水空间的地层岩性通常是砂层、卵石层、岩溶管道和岩溶地下河等具有大孔隙、高透水性的岩层,而构成蓄水构造的地层岩性比较广泛,除砂层、卵石层、岩溶管道和岩溶地下河外,还有亚砂土、黄土类亚砂土、黄土层、冻土区冰水沉积层等。

第六,断裂构造的影响。断裂构造往往是基岩地区导水的主要通道和蓄积地下水的重要场所,易构成良好的蓄水构造;但对地下水库而言,通常需要一个相对封闭的蓄水空间,由断层构成的蓄水构造,往往难以控制地下水的径流,不易选做地下水库的储水空间。

四、代表性的地下水库储水空间

考虑地下水库储水空间需要具备的基本条件,适宜作为地下水库储水空间的蓄水构造有:孔隙蓄水构造中的山间河谷蓄水构造、山间盆地蓄水构造和冲积平原蓄水构造,岩溶蓄水构造中的裂隙岩溶蓄水构造、层间岩溶蓄水构造、地下河和管道蓄水构造及部分断层岩溶蓄水构造,裂隙蓄水构造中的风化裂隙蓄水构造和部分断层裂隙蓄水构造,地区性蓄水构造中的滨海及岛屿地区蓄水构造等。

目前,构成已建成地下水库储水空间的典型蓄水构造类型有砂砾石层冲积平原蓄水构造和山间河谷蓄水构造、地下河和管道岩溶蓄水构造、滨海及岛屿地区蓄水构造等。

(一)砂砾石层冲积平原蓄水构造和山间河谷蓄水构造

山东省莱州市王河地下水库地下储水空间的蓄水构造如图 2-1 所示。

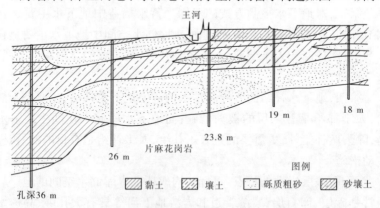

图 2-1　王河地下水库储水空间的蓄水构造

王河地下水库位于山东省莱州市王河下游,西与渤海相邻,地下水库总库容为 0.596 亿 m³。地下水库库区含水层以冲洪积堆积物或洪积堆积物为主,主要岩性为微含土砾质粗砂,局部为微含土砾质中砂、中粗砂,地下空间上分布 3~4 层砾质粗砂,砂层总厚度为 5~15 m,砂层最大埋深为 23.7 m。

王河地下水库库区内含水层面积大,具有一定的厚度,能够形成较大规模的库容,根据多年地下水位动态观测资料以及库区水文地质条件可知,上、下含水层水力联系密切,地下水流具有统一的自由水面,显示出潜水的特征,具有良好的连通性,满足库容条件;含水层接受大气降水的垂直补给和王河河水直接补给,虽然大部分含水层未出露,且与地面水的交换能力相对较差,但通过兴建工程措施(回灌设施)可实现地下水与地表水的快速交换;含水层埋深适宜,满足可利用的条件;地下水库库底为不透水基岩,库区内无深大导水性断裂,通过建设地下截渗坝,可形成封闭性蓄水空间。因此,该蓄水构造是建造地下水库的理想的储水空间,是冲积平原蓄水构造中构成地下水库储水空间的典型代表。

(二)地下河和管道岩溶蓄水构造

贵州省普定县马官地下水库[12]的地下储水空间如图2-2所示。

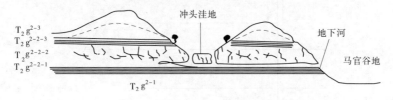

图2-2 马官地下水库形态纵剖面示意图

马官地下水库位于贵州省普定县马官镇,处于峰丛洼地—峰林谷地过渡带,库区地层岩性为三叠系关岭组中段薄层至中厚层泥质灰岩夹少量泥页岩,该段岩溶发育,形成了具有单管状、单层状、单一出口的悬挂式尖灭型地下河。

马官地下水库储水空间由地下河管道系统组成,即由单一的水平溶道与两个垂直竖井及裂隙组成的岩溶管道系统构成,通过地下河出口的砌石拱坝,抬高水位形成足够大的地下水库库容,岩溶管道中水流的连通性较好,满足库容条件;冲头洼地开口宽阔,地面水很易补充地下水,满足水量交换条件;通过在地下河出口修建砌石拱坝,拦蓄地下水,形成较封闭的储水空间;岩溶埋深适宜,地下水可利用。因此,该蓄水构造是建造地下水库的理想的地下储水空间,是地下河和管道蓄水构造中构成地下水库储水空间的典型代表。

(三)滨海及岛屿地区蓄水构造

福建省莆田市湄洲岛地下水库[13]的地下储水空间如图2-3所示。

湄洲岛地下水库处于湄洲岛中部平原,其近东、西向临海,近南、北向系低山丘陵。平原上多为砂性土壤,无常年水流,地下水埋深1~2 m(高程2~3 m)。两边的低山丘陵山坡较缓,多为伏土,整个库区基岩母岩为燕山花岗岩,大多风化较深,平原上覆盖有较厚的第四纪松散土层。地下水库有效库容为115万 m³。湄洲岛地下水库东部地层从上到下依次是:①表层耕作层;②更新统龙海组的黏性土层,透水性差;③砂层,构成含水层;④花岗岩残积层。

湄洲岛地下水库库区内具有一定厚度的含水层,能够形成一定规

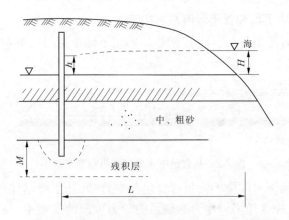

图 2-3　湄洲岛地下水库东堤地质剖面示意图

模的库容,砂含水层具有良好的连通性,满足库容条件;大部分含水层未出露,与地表水交换能力差,但通过工程措施可实现地下水与地表水的快速交换;含水层埋深较浅,满足可利用的条件;库底为不透水花岗岩残积层,通过建设地下截渗坝,可形成封闭性蓄水空间。因此,该蓄水构造是建造地下水库较为理想的地下储水空间,是滨海及岛屿地区蓄水构造中构成地下水库储水空间的典型代表。

第二节　水　　源

水源是建设地下水库的先决条件。水源通常指可用于地下水回灌的本流域或跨流域调水引来的没有污染或轻微污染的水,包括地表水、中水、采矿疏水等。

一、水源类型

地下水库补给水主要包括地下径流补给水、天然补给水和人工补给水。其中,地下径流补给水指自然流入地下水库库区内的上游地下水;天然补给水指降雨自然入渗补给水、河流自然入渗补给水等;人工补给水指灌溉入渗补给水、人工水库渗漏补给水和利用专门回灌设施回补至含水层的补给水,通常所讲的人工补给水主要指利用专门回灌设施回补至含水层的补给水。

人工补给水的水源有本流域或跨流域调水引来的没有污染的地表水、中水、采矿疏水等。在地下水库规划阶段,合理地选择人工补给水源是极为重要的,它关系到建设地下水库的成败。

在选择地下水库水源时,既可以选一种单独的水源作为地下水库的供给水源,也可以将几种不同的水源联合起来共同作为地下水库供给的水源。

(一)地表水

地表水指储存于地表的各种形式的蓄水,包括河水(含汛期洪水)、地表水库弃水、湖泊坑塘洼地蓄水、灌溉用水和跨流域调水等。

1. 河水

北方地区的河流大多属于季节性河流,其特点是年径流总量较少,季节分配极不均匀。通过闸坝拦蓄利用的水量也仅是河流总来水量的一小部分,大部分河水作为过境水流向下游,汇入大海。如果能将部分无法利用的河水、特别是汛期洪水作为地下水库的补给水源,将会大大提高流域水资源的利用率。大部分河流在汛期会有大量的洪水过境排泄,通过拦截蓄存或通过回灌设施加大回补含水层,可将部分洪水作为地下水库的补给水源。

2. 地表水库弃水

在汛期到来之前,多数地表水库为腾出部分防洪库容而不得不放弃部分库水,这些弃水可用于补给地下水库含水层,实现地下水库与地表水库的联合调度。

3. 湖泊、坑、塘、洼地蓄水

湖泊、坑、塘、洼地内的蓄水也可作为地下水库的补给水源。

4. 灌溉用水

在一些大型灌区,在灌溉季节,或多或少地有一些灌溉退水,这部分灌溉退水可用于地下水补给。

5. 跨流域调水

我国的水资源在区域上的分布很不均衡,地下水源比较充足的地区,其地表水源通常比较丰富。缺水地区可考虑跨流域(或跨地区)引水,利用调来的水作为地下水库的补给水源。

(二)中水

随着社会经济的发展,工业用水的总量呈迅速增长的趋势,除少部分水量在工业生产过程中被消耗外,大部分工业用水都作为废水排放了。另外,城市化进程也会形成大量的城市污水。对工业废水和城市污水进行处理后,会产生大量的中水。在保证地下水不被污染的前提下,达标中水也可作为地下水库的补给水源。使用中水补给地下水时应十分谨慎,一是应保证回灌水水质满足要求,二是要注意不要将中水回灌于城市水源地。

(三)采矿疏水

为保证煤矿安全生产,井田潜水含水层和砂砾石承压含水层需要疏降,据统计,我国每开采 1 m^3 煤炭平均需要疏水 4 ~ 5 m^3,因此在煤炭开采过程中将会产生大量采矿疏水。若所疏排的采矿疏水为洁净水,则可直接作为地下水库的补给水源;若所疏排的采矿疏水不符合回灌水的标准,则经过水质处理达标后,也可作为地下水库的补给水源。

二、地下水库对水源的基本要求

在进行地下水库规划设计时,应首先进行地下水库补给水源的论证,论证内容包括地下水的水量和水质。

地下水库补给水源水量论证的主要工作有:查清各种补给水源在时间和空间上的分布规律,以及在天然状态下的总补给量,计算各种补给水源的保证率,评价各种补给水源的风险程度。

地下水库补给水源水质论证的主要工作为:查清补给水源的水质状况及其时空变化规律,论证使用该水源补给地下水对包气带和含水层的影响程度,以及为保证地下水水质所采取的技术措施。

建设地下水库是为人们提供生活用水和工农业生产用水,因此地下水库库内蓄水应满足一定的水质标准。而地表回灌水会对地下水产生较大的影响,因此必须对回灌水水质提出一定的标准,控制回灌水的微生物含量、总无机物含量、重金属含量、难降解有机物含量等。

我国目前尚没有具体的地下水库回灌水水质标准。考虑到含水层具有一定的自然净化能力,补给水的水质标准可参考饮用水的水质标准,并针对具体含水层的净水能力,采用适当的补给水的水质标准。一般而言,地下水库的补给水的水质标准,原则上不低于地表水水质标准Ⅲ级(《地表水环境质量标准》(GB 3838—2002))[14],同时不能使混合后地下水的饮用质量变劣或者造成回灌设施的淤塞。

在地下水回灌中,病原微生物通常会因过滤、吸附、死亡等随地下贮留的时间而逐渐减少,但也因具体环境而异,目前的研究成果尚无法较好地回答这些问题。为了杀死水中的病原体,欧洲一般要求回灌水在回用之前,至少应在含水层中贮留 50 d 的时间。美国制定了更为严格和科学的地下水回灌标准,并得到了广泛认可。美国要求回灌水的注入点离地下水位的距离至少为 3 m,抽水点离注入点水平距离至少为 150 m,抽取水中的回灌水不能超过 50%;同时要求抽水点 TOC(总有机碳) $<$ 1.0 mg/L,回灌点 COD$_{(化学需氧量)}$ $<$ 5.0 mg/L、TOC $<$ 3.0 mg/L、硝酸盐(以 NO$_3^-$ 计) $<$ 45 mg/L、总氮 $<$ 10.0 mg/L、大肠杆菌 $<$ 2.2 个/100 mL 等[15]。

在地下水库设计时,应研究注入水的水质变化规律(包括注入水与含水层之间的水–岩相互作用,以及注入水与地下水之间的混合作用),研究注入水水质变化的预报方法。在地下水库运行过程中,应随时监测地下水水质的变化,防止地下水污染。一旦发现地下水水质有恶化的趋势,应立即采取相应的措施。

第三节　其他条件

一、环境生态条件

环境生态条件主要包括两方面的含义:一方面是指库区地表污染、地表水回灌等环境因素对地下水水质的影响程度,地下水位的变化是否会带来不利的环境问题;另一方面是指建成地下水库后,地下水位的变化是否会对植物、生物的生存带来不良的生态问题。

(一)库区污染对地下水水质的影响

1. 地下水污染的特点

地下水流动极其缓慢,因此地下水污染具有过程缓慢、不易发现和难以治理的特点。受污染的地下水域,在彻底控制其污染源后,在自然环境状态下,一般需要几十年、几百年甚至上千年才能使水质复原。

地下水污染的方式分直接污染和间接污染两种。直接污染是污染物直接来自污染源,在污染过程中污染物的性质不变,这是地下水的主要污染方式。间接污染是由于污染物作用于其他物质,使这种物质进入地下水,形成污染,如地下水中硬度的增加就是间接污染造成的,间接污染过程复杂,污染原因、污染来源和污染途径难以查出。

地下水污染途径一般可分为四类,即间歇入渗型、连续入渗型、越流型和径流型[16]。

1)间歇入渗型

间歇入渗型是雨水或灌溉水等使污染物通过非饮水带,间断地渗入含水层,如淋滤固体废物堆放引起的地下水污染。间歇入渗型主要污染潜水。

2)连续入渗型

连续入渗型是由污水聚集处(如污水渠、污水池、污水渗井等)和受污染的地表水体,连续向含水层渗漏而造成的地下水污染类型。连续入渗型主要污染潜水。

3)越流型

越流型是污染物通过越流方式从已受污染的含水层转移到未受污染的含水层。如通过破坏的井管污染潜水和承压水。

4)径流型

径流型是污染物通过地下水径流流入含水层,污染潜水或承压水。如污染物通过地下岩溶孔道进入含水层。

地下水污染后难以复原,故应以预防为主,进行保护。最根本的保护办法是尽量减少污染物进入地下水的机会和数量,如对污水聚集地段采取防渗措施,选择渗透性最小的地段堆放废物等。

2. 污染源

人类活动中,将大量未经处理的废水、废物直接排入江河湖海,污染了地表水和地下水。水体污染源主要有工业废水、生活污水和农田排水等[16]。

1)工业废水

工业废水的成分极其复杂,量大面广,有毒物质含量高。工业废水的水质特征及数量随工业类型而异,大致可分三大类:含无机物的废水,包括冶金、建材、无机化工等废水;含有机物的废水,包括食品、塑料、炼油、石油化工以及制革等废水;兼含无机物和有机物的废水,如炼焦、化肥、合成橡胶、制药、人造纤维等。

2)生活污水

随着人口的增长与集中,城市生活污水已成为一个重要污染源。生活污水包括厨房、洗涤、浴室、厕所用水以及粪便等,这部分污水大多通过城市下水道与部分工业废水混合后排入天然水域,有的还汇合城市降水形成地表径流。由城市下水道排出的废污水成分也极为复杂,其中大约99%以上的是水,杂质占0.1%~1%。

生活污水中悬浮杂质有泥沙、矿物质、各种有机物、胶体和高分子物质(包括淀粉、糖、纤维素、脂肪、蛋白质、油类、洗涤剂等),溶解物质则有各种含氮化合物、磷酸盐、硫酸盐、氯化物、尿素和其他有机物分解产物,还有大量的各种微生物如细菌、多种病原体。据统计,每毫升生活污水中含有几百万个细菌。污水呈弱碱性,pH 值为 7.2~7.8。生活污水中杂质含量与生活习惯和水平有关,通常用平均情况描述。我国生活污水的指标为:沉淀后的五日生化需氧量(BOD_5)为 20~30 g/(人·d),悬浮物(SS)为 20~45 g/(人·d)。

3)农田排水

通过土壤渗漏或排灌渠道进入地表和地下水的农业用水回归水,统称为农田排水。农业用水量通常比工业用水量大得多,但利用率很低,灌溉用水中的 80%~90% 要经过农田排水系统或其他途径排泄。随着农药、化肥使用量的日益增加,大量残留在土壤里、漂浮于大气中或溶解在水田内的农药和化肥,通过灌溉排水和降水径流的冲刷进入天然水体,形成面污染源。现代化农业和畜牧业的发展,特别是大型饲养场的增加,会使各类农业废弃物的排放量增加,给天然水体增加污染负荷。水土流失使大量泥沙及土壤有机质进入水体,是我国许多地区主要的面污染源。此外,大气环流中的各种污染物质随雨雪降落入渗含水层,如酸雨烟尘等,也是水体污染的来源。这些污染源造成了性质各异的水体污染,并产生了性质各异的危害。

3. 污染的危害

库区存在的工业废水、生活污水等污染物,若不经处理而直接排入库区,就会产生以下危害[16]。

1) 无机悬浮物污染

无机悬浮物污染主要指泥沙、土粒、煤渣、灰尘等颗粒状物质,在水中可能呈悬浮状态。这类物质一般无毒,会使水变浑浊,带颜色,给人厌恶感,因此属于感官"污染",这类物质常吸附和携带一些有毒物质,扩大有毒物质污染。

2) 有机污染物污染

有机污染物分耗氧有机物和难降解有机物。

耗氧有机物在水体中即发生生物化学分解作用,消耗水中的氧,从而能破坏水生态系统,对渔业影响较大。正常情况下,20 ℃水中溶解氧量(DO)为 9.77 mg/L,当 $DO > 7.5$ mg/L 时,水质清洁;当 $DO < 2$ mg/L时,水质发臭。渔业水域要求在 24 h 中有 16 h 中的 DO 值必须大于 5 mg/L,其余时间不得低于 3 mg/L。

难降解有机物一旦污染环境,其危害时间较长。如有机氯农药,由于化学性质稳定,在环境中毒性减低一半需要十几年,甚至几十年;而水生生物对有机氯农药有极高的富集能力,其体内蓄积的含量可以比水中的含量高几千倍到几百万倍,最后通过食物链进入人体。如有机氯农药 DDT 可引起破坏激素的病症,给人的神经组织造成障碍,影响肝脏的正常功能,并使人产生恶心、头痛、麻木和痉挛等。这类中毒往往呈慢性,弄清症状需要花很长时间。

3) 植物营养素污染

植物营养素污染会引起水体的富营养化,藻类过量繁殖。在阳光和水温最适宜的季节,藻类的数量可达 100 万个/L 以上,水面出现一片片"水花",称为赤潮。水面在光合作用下溶解氧达到过饱和,而底层则因光合作用受阻,藻类和底层植物大量死亡,它们在厌氧条件下腐败、分解,又将营养素重新释放进水中,再供给藻类,周而复始,因此水体一旦出现富营养化就很难消除。

富营养化水体对鱼类生长极为不利,过饱和的溶解氧会产生阻碍血液流通的生理疾病,使鱼类死亡;缺氧也会使鱼类死亡。而藻类大多堵塞鱼鳃,影响鱼类呼吸,也能致死。含氮化合物的氧化分解会产生亚硝酸盐,硝酸盐本身无毒,但硝酸盐在人体内可被还原为亚硝酸盐。研究认为,亚硝酸盐可以与仲胺作用形成亚硝胺,这是一种强致癌物质。因此,有些国家的饮用水标准对亚硝酸盐含量提出了严格要求。

4)重金属污染

重金属毒性强,对人体危害大,因而水中的重金属含量是当前人们最关注的问题之一。重金属对人体危害的特点:①饮用水含微量重金属,即可对人体产生毒性效应。一般重金属产生毒性的浓度范围为 1~10 mg/L,毒性强的汞、镉产生毒性的浓度为 0.1~0.001 mg/L。②重金属多数是通过食物链对人体健康造成威胁。③重金属进入人体后不容易排泄,往往造成慢性累积性中毒。

5)石油类污染

石油类污染物比水轻又不溶于水,覆盖在水面形成薄膜,阻碍水与大气的气体交换,抑制水中浮游植物的光合作用,造成水体溶解氧减少,产生恶臭,恶化水质。油膜还会堵塞鱼鳃,引起鱼类的死亡。

6)酚类化合物污染

酚类化合物污染的危害。人类服酚的致死量为 2~15 g。长期摄入超过人体解毒剂量的酚,会引起慢性中毒。苯酚对鱼的致死浓度为 5~20 mg/L,当浓度为 0.1~0.5 mg/L 时,鱼肉就有酚味。

7)氰化物污染

氰化物能抑制细胞呼吸,引起细胞内窒息,造成人体组织严重缺氧的急性中毒。0.12 g 氰化钾或氰化钠可使人立即致死。

8) 病原微生物污染

病原微生物可引起各类肠道传染病,如霍乱、伤寒、痢疾、胃肠炎及阿米巴、蛔虫、血吸虫等寄生虫病。另外还有致病的肠道病毒、腺病毒、传染肝炎病毒等。

由此可见,库区污染会对地下水水质产生严重影响,最终导致地下水库的报废。

(二)地下水库引起的环境和生态问题

建设地下水库后,库区内地下水位升降的次数和幅度要高于天然状态。合理开发利用地下水资源,既能够解决某些地区的供水问题,又可以有效地防治地下水位较高区的土壤盐渍化。另外,适当降低地下水位,有利于增加降水和地表水体的入渗补给量,有利于提高防洪、排涝标准,还可以减少潜水蒸发损失等。反之,如果地下水资源开发利用不当,会造成地下水过量开采,引发生态环境问题,如地下水位持续下降、地面沉降、地面塌陷、水质污染等问题,会在一些区域引发生态灾难和巨大的经济损失。

1. 地下水位下降和地面沉降

如果地下水库补给水量不足,地下水超采会造成库区内地下水持续下降;如果库区内多年平均地下水实际开采量超过了该地域的多年平均补给量,会造成了地下水位多年持续下降,形成地下水漏斗。地下水漏斗过深,一方面会使部分浅层的机井干涸,导致机井报废;另一方面会使部分机井增加井深、更替抽水设备,并增大了供水成本。

此外,地下水漏斗过深,还会使库区产生一定的地面裂缝和地面沉降。据研究可知,地面沉降与地层结构有关,与地下水位升降的幅度有关。当地下水位在一定范围内升降时,地下水位升降引起的地面沉降量是有限的;当地下水位下降的幅度超过一定范围后,会继续增大地面沉降量。

一般而言,合理的地下水位升降幅度和有限的地面沉降幅度不会带来危害;反之,持续的地下水位下降,会使地面产生沉降,特别是不均匀沉降,降低原有建筑物的地面高程和引起建筑物与市政设施的破坏,从而降低了防洪、排涝、抵御风暴潮的标准和能力,继而影响到工农业生产和国民生命财产的安全。如地面沉降使得桥梁的净空减少,影响正常航运;地面沉降,特别是不均匀沉降,严重危及建筑物和市政设施的安全,造成水库大坝、河堤、楼舍等建筑物产生裂缝甚至溃坝或倒塌等。

2. 土壤次生盐碱化和农作物减产

如果地下水库正常蓄水位设计不合理,会造成库区浅层地下水位长期处于高水位状态,土壤渍化而使得作物受渍,造成土壤次生盐渍化;因强烈的潜水蒸发,导致地下水中的盐分在土壤中积累而使土壤盐碱化,造成土壤次生盐碱化。土壤中水分过分饱和及含盐量过大,都会严重影响作物的生长发育,使作物单产大幅度减少。

因此,在地下水库设计时,应使库区地下水位控制在合理的深度内,降低潜水蒸发强度,既可以起到节约地表水、充分利用地下水的作用,又可以收到改良土壤、减轻或消除土壤次生盐渍化和增加作物单产的效果。

3. 地下水的污染

库区存在的工业废水、生活污水等污染物,若不经过处理,或虽然处理而未达标,就直接回灌到含水层,则可能污染地下水,使地下水水质受到严重影响,从而达不到农田灌溉标准,或者使地下水成为不适宜引用水,这样就会丧失地下水的使用价值,最终导致地下水库的报废。

(三)环境生态条件的要求

地下水库的环境生态条件就是要求建设地下水库时,不应引起当地环境生态条件的变化,不应污染地下水源,不能带来不良的环境问题,不能对植物、生物的生存产生不良的影响。

二、可持续条件

可持续发展的理论是:既满足当代人的需求,又不对后代人满足其自身需求的能力构成危害的发展。换句话说,就是指经济、社会、资源和环境保护协调发展,它们是一个密不可分的系统,既要达到发展经济的目的,又要保护好人类赖以生存的大气、淡水、海洋、土地和森林等自然资源和环境,使子孙后代能够永续发展和安居乐业。也就是说,"决不能吃祖宗饭,断子孙路"。可持续发展与环境保护既有联系,又不等同。环境保护是可持续发展的重要方面。可持续发展的核心是发展,但要求在严格控制人口、提高人口素质和保护环境、资源永续利用的前提下进行经济和社会的发展。

地下水库的可持续条件是指地下水库不是一次性的补给和利用地下水,而是应该能够重复利用的,应满足可持续发展的要求。地下水库的可持续条件主要包括两方面的内容:一方面是说不能因建设地下水库而丧失天然含水层的储水和输水特性,这要求在进行地下水回灌时,回灌水应满足一定的标准,防止含水层因回灌水中杂质而产生物理、化学和生物堵塞,防止含水层因回灌水与地下水发生离子反应而产生化学堵塞,防止含水层因回灌水与土中离子发生化学反应而产生化学堵塞,防止含水层因回灌水富营养化而产生生物性堵塞等;另一方面是说回灌水应符合水质标准的要求,不能因建设地下水库而污染地下水,而导致无法利用地下水资源,这就要求回灌水对地下水的不良影响不能超越含水层自身净化能力的极限。

第三章　地下水库人工回灌量计算理论

第一节　地下水人工回灌的基本方法

地下水人工回灌的基本方法主要包括地面入渗法和地下灌注法。

地面入渗法是指利用河床、沟渠、天然洼地、较平整的草场或耕地，以及地表水库、坑塘、渠道或开挖的水池等地面集(输)水工程，常年定期地引、蓄地表水，借助地表水和地下水之间的自然水头差进行回灌，补给地下水。地面入渗法的优点是可充分利用自然条件，以简单的工程设施和较少的工程投资获得较大的入渗补给量，运行中也便于清淤和管理，故能经常保持较高的渗透率。地面入渗法的主要缺点是回灌设施占地面积较大，受地质、地形条件的限制，补给水在干旱地区蒸发损失较大，还可能引起回灌区及附近土地的盐渍化、沼泽化或浸没部分建筑工程等。

地下灌注法亦称地下回灌法。地下回灌法是指通过钻孔、普通回灌井、反滤回灌井、反滤回灌条渠或坑道等直接将地表水(补给水源)注入含水层中的一种方法，主要适合于地表弱透水层较厚(含水层埋藏相对较深)、地表为不透水层(含水层埋藏相对较深)、因地面场地限制而不能修建地面入渗工程的地区，特别适合于用来补给承压含水层或埋藏较深的潜水含水层。

普通回灌井指单纯回灌井，一般通过钻机钻孔或人工开挖成孔。回灌井孔径较大，成孔直径一般不低于 0.8 m，回灌井内常设直径不低于 0.4 m 的混凝土管井。

反滤回灌井是我国山东省地下水库建设过程中出现的一种有效的自渗回灌设施，它由普通回灌井和位于井口上方的回灌池组成。在回灌时,水流经过回灌池渗入回灌井内,沿管井进入含水层。与普通回灌井不同,反滤回灌井在井口增加了一个具有反滤功能的回灌池,它可以过滤回灌水中的泥沙、漂浮物等杂质,阻止较大颗粒的杂质进入回灌井内,避免较大颗粒的杂质回灌至含水层中。因此,反滤回灌井自身具有过滤能力和防止回灌井堵塞的能力,可将地表水中杂质过滤和地表水回灌的功能合二为一,能节约大量的净水处理费用。反滤回灌井适用于回灌未污染或轻微污染的水源。与普通的回灌井相比,反滤回灌井的淤堵主要体现在井口反滤层的淤积和堵塞,可以利用人工或设备清除反滤回灌井回灌池表层的淤泥,或更新反滤回灌井的反滤结构。因此,反滤回灌井具有清淤简单、使用寿命较长的特点。

反滤回灌条渠也是我国山东省地下水库建设过程中出现的一种有效的自渗回灌设施,它与反滤回灌井相同的是,在渠口增加了一个具有反滤功能的回灌设施,它可以过滤回灌水中的泥沙、漂浮物等杂质,让不含杂质的回灌水进入渠内,再回灌到含水层中。它与反滤回灌井的不同点主要有两条:一是结构不同,它由一条渗渠和位于渗渠两头的渗井组成;二是适用范围不同,它用于表层相对不透水层较薄(一般不超过 3 m)的地层条件。渗渠的作用是揭穿表层相对不透水层,渗井的作用是形成一个完整井,与渗渠一起承担回灌任务。同样,反滤回灌条渠自身也具有过滤能力和防止回灌井堵塞的能力,可将地表水中杂质过滤和地表水回灌的功能合二为一,也能节约大量的净水处理费用,适用于回灌未污染或轻微污染的水源。

第二节　回灌渠(系)渗漏回灌量的计算

回灌渠(系)渗漏回灌量是指回灌渠(系)在输水过程中,渠水自然渗漏对地下水的补给量。

在回灌渠输水初期地下水有良好的出流条件,或在地下水位埋藏较深且有良好的出流条件时,回灌渠渗漏属于自由渗流阶段,自由渗流阶段的回灌渠渗漏回灌量可采用式(3-1)计算。

$$Q_{渠自} = K(b + 2\gamma_1 h \sqrt{1 + m^2})TL \qquad (3-1)$$

式中　$Q_{渠自}$——回灌渠自由渗流渗漏回灌量,m^3/d;

　　　K——渠床渗透系数,m/d;

　　　b——渠底宽度,m;

　　　h——渠道水深,m;

　　　m——渠道边坡系数;

　　　T——渠道年过水天数,d;

　　　L——渠道长度,m;

　　　γ_1——考虑土的毛细管渗吸影响修正系数,经验取值 1.1 ~

　　　　1.4,毛细管作用强烈时取大值。

　　当地下水位埋藏较浅,回灌渠渗漏引起地下水峰上升至渠底时,回灌渠渗漏属于顶托渗流阶段,顶托渗流阶段的回灌渠渗漏回灌量可采用式(3-2)计算。

$$Q_{渠顶} = \gamma_2 Q_{渠自} \tag{3-2}$$

式中　$Q_{渠顶}$——回灌渠顶托渗流渗漏回灌量,m^3/d;

　　　γ_2——顶托渗流渗漏回灌量修正系数,按表 3-1 取值;

　　　其他符号意义同前。

表 3-1　顶托渗流渗漏回灌量修正系数

回灌流量	地下水埋深(m)				
(m^3/s)	<3	3	5	7.5	10
1.0	0.63	0.79			
3.0	0.50	0.63	0.82		
10.0	0.41	0.50	0.65	0.79	0.91
20.0	0.36	0.45	0.57	0.71	0.82
30.0	0.35	0.42	0.54	0.66	0.77
50.0	0.32	0.37	0.49	0.60	0.69

　　当回灌渠采取防渗措施时,回灌渠渗漏回灌量可采用式(3-3)计算。

$$Q_{渠防} = \gamma_3 Q_{渠} \tag{3-3}$$

式中 $Q_{渠防}$——采取防渗措施的回灌渠渗漏回灌量，m^3/d；

$Q_{渠}$——未采取防渗措施的回灌渠渗漏回灌量，m^3/d；

γ_3——采取防渗措施的渗漏回灌量修正系数，按表 3-2 取值[17]。

表 3-2 采取防渗措施的渗漏回灌量修正系数

黏土护面处理方法	γ_3	黏土护面处理方法	γ_3	护面类型	γ_3
4 cm 黄泥巴护面	0.036	5 cm 黏土护面夯实	0.147	7.5 cm 混凝土	0.13
15 cm 黄泥巴护面	0.013	人工淤填	0.5 ~ 0.7	7.5 cm 水泥石灰浆	0.34
3 cm 灰土护面	0.223	黏土合浆灌淤	0.683	水泥砂浆	0.37
5 cm 灰土护面	0.173	细泥灌淤	0.194		
15 cm 灰土护面	0.066	黏土盖面	0.2 ~ 0.4		

第三节　普通回灌井回灌量的计算

当地下水库库区内地层上部为弱透水层（相对不透水层）、下部为含水层时，需要采用回灌井打穿弱透水层（相对不透水层），建立地表水与地下水之间的联系通道，才能将地表水回灌到含水层中。当地下水库库区内地层中弱透水层（相对不透水层）、含水层相间分布时，也需要采用回灌井打穿弱透水层（相对不透水层），建立不同含水层之间地下水的联系通道，才能实现各含水层中地下水的统一调度。

在进行地下水回灌时，若普通回灌井之间的距离足够大，井与井之间稳定渗流的地下水位（丘）不发生相互影响，这种普通回灌井称为普通回灌单井（简称普通回灌井）。对于普通回灌井，可参照抽水井单井抽水量的计算理论计算普通回灌井的单井回灌量。

当普通回灌井之间的距离不是很大,多个普通回灌井同时进行地下水回灌时,井与井之间稳定渗流的地下水位(丘)发生相互影响,并影响到普通回灌井的单井回灌量,这种回灌井称为普通回灌井群。对于普通回灌井群,其井群区地下水流及其入渗面非常复杂,需要考虑井与井之间的相互影响,可采用点井渗流叠加法、面井法以及其他的方法计算普通回灌井群的回灌量。

考虑到普通回灌井一般按单井设计,有关普通回灌井群回灌量的计算就不再详述,遇到普通回灌井群回灌量的计算请参考有关文献。本章主要介绍普通回灌单井回灌量的计算方法。

一、普通回灌井的类型和井流运动特征

根据地下水的埋藏条件和回灌井完整性的不同,普通回灌井可分为四种:承压含水层完整回灌井、承压 – 潜水含水层完整回灌井、承压含水层非完整回灌井、承压 – 潜水含水层非完整回灌井。在地下水回灌工程中,通常采用前三种回灌井。

从回灌井注水的时间上看,回灌井的注水运动可分为非稳定渗流和稳定渗流两个阶段。回灌井注水的初期为非稳定流阶段,水流注入井中形成地下水丘,随回灌时间的持续,地下水丘不断扩展,表现为非稳定流运动。当回灌注水达到一定时间后,地下水丘进入稳定运动阶段,地下水丘的形状相对稳定,表现为稳定流运动。一般而言,在进行地下水库回灌工程设计时,回灌井单井回灌量通常取稳定流运动时的回灌量,回灌井单井回灌量的计算公式可由回灌井稳定流理论推出。

从井流运动的特征来说,回灌井的井流运动是抽水井井流运动的逆过程。一般而言,描述抽水井稳定流运动的方程同样适合于注水井的运动,仅是方程中字符的含义上存在一定的差别。同时,由于回灌中可能存在着一定的堵塞作用,又使回灌井的井流运动不同于抽水井的井流运动。参照抽水井稳定流井流运动方程的推导方法,可得出回灌井稳定流井流运动的有关计算公式。

二、承压含水层完整回灌井

假设在半径为 R 的圆形岛屿中心,打一眼承压含水层完整回灌井,岛屿周围的地下水位固定不变,回灌前岛屿内初始地下水位水平。水流注入井内后,地下水位逐渐隆起,并在井周围形成轴对称的地下水丘,地下水丘的等水头面呈同轴心的圆柱面,承压含水层完整回灌井稳定流表现为水平井流,如图 3-1 所示。

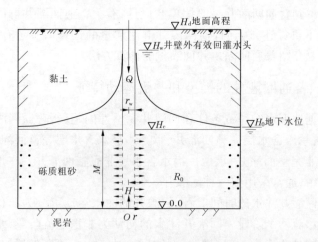

图 3-1　普通承压含水层完整回灌井稳定流

承压含水层完整回灌井稳定流的基本假定:①含水层中的水平流服从达西定律;②砂反滤层和含水层是均质、各向同性的,含水层在水平方向上无限延伸;③灌水前地下水面是水平的;④忽略弱透水层的储水性。

参照承压含水层完整抽水井井流运动方程[17,18]的推导方法,经理论推导,可得出普通的承压含水层完整回灌井稳定流的有关计算公式见式(3-4)~式(3-7)。

承压含水层完整回灌井单井回灌量的计算公式见式(3-4)。

$$Q_c = \frac{2\pi K_0 M (H_n - H_0)}{\ln \dfrac{R_0}{r_w}} \tag{3-4}$$

承压含水层完整回灌井稳定流地下水丘壅高方程见式(3-5)或式(3-6)。

$$m_d = H - H_0 = \frac{Q_c}{2\pi K_0 M} \ln \frac{r}{r_w} \tag{3-5}$$

$$m_d = H - H_0 = \frac{Q_c}{2\pi K_0 M} \ln \frac{R_0}{r} \tag{3-6}$$

承压含水层完整回灌井稳定流地下水丘最大壅高见式(3-7)。

$$m_{dw} = H_n - H_0 = \frac{Q_c}{2\pi K_0 M} \ln \frac{R_0}{r_w} \tag{3-7}$$

式中　Q_c——普通承压含水层完整回灌井的单井回灌量,m^3/s;

H_n——回灌井内有效回灌水头,指回灌井井壁外的实际回灌水头,m;

H_0——回灌前地下水位,m;

M——含水层厚度,m;

R_0——影响半径,m;

r_w——滤水管半径,m;

K_0——含水砂层的渗透系数,m/s;

m_d——离井轴半径 r 处地下水丘壅高,$m_d = H - H_0$,m;

m_{dw}——地下水丘最大壅高,$m_{dw} = H_w - H_0$,m;

r——地下水面的半径,m;

H——半径为 r 处的地下水水头,m。

三、承压–潜水含水层完整回灌井

假设在半径为 R 的圆形岛屿中心,打一眼承压–潜水含水层完整回灌井,岛屿周围的地下水位固定不变,回灌前岛屿内初始地下水位水平。承压–潜水含水层完整回灌井稳定流如图 3-2 所示。

承压–潜水含水层完整回灌井的稳定流的地下水丘由承压含水层

段和潜水含水层段组成,普通承压－潜水含水层完整回灌井的稳定流
也表现为水平井流,详见图3-2。

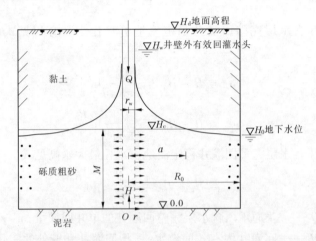

图3-2　普通承压－潜水含水层完整回灌井稳定流

　　承压－潜水含水层完整回灌井稳定流的基本假定:①含水层中的
水平流服从达西定律;②砂反滤层和含水层是均质、各向同性的,含水
层在水平方向上无限延伸;③灌水前地下水面是水平的;④忽略弱透水
层的储水性。

　　参照承压－潜水含水层完整抽水井稳定流公式[17,18]的推导方法,
经理论推导,可得到普通的承压－潜水含水层完整回灌井稳定流方程,
见式(3-8)。

$$Q_{cu} = \frac{\pi K_0 (2MH_n - M^2 - H_0^2)}{\ln \dfrac{R_0}{r_w}} \qquad (3-8)$$

式中　Q_{cu}——普通承压－潜水含水层完整回灌井的单井回灌量,m^3/s;
　　　　其他符号意义同前。

　　承压－潜水含水层完整回灌井的承压含水层段、潜水含水层段的
地下水丘曲线分别由式(3-9)和式(3-10)求出。

$$H = H_n - \frac{Q_{cu}}{2\pi K_0 M} \ln \frac{r}{r_w} \quad (r \le a, 承压含水层段) \qquad (3-9)$$

$$H = \sqrt{H_0^2 + \frac{Q_{cu}\ln\dfrac{R_0}{r}}{\pi K_0}} \quad (r > a,潜水含水层段) \quad (3\text{-}10)$$

式中　a——承压 – 潜水含水层稳定流承压段和潜水段地下水丘交点
　　　　距井轴的距离，m，可由式(3-11)求出。

$$a = e^y \quad (3\text{-}11)$$

其中　　　$$y = \frac{2M(H_n - M)\ln R_0 - (M^2 - H_0^2)\ln r_w}{2MH_n - H_0^2 - M^2}$$

四、承压含水层非完整回灌井

假设在半径为 R 的圆形岛屿中心，打一眼承压含水层非完整回灌井，岛屿周围的地下水位固定不变，回灌前岛屿内初始地下水位水平。

同完整回灌井稳定流相比，非完整回灌井稳定流流态较为复杂，可分为三个区，在紧靠井的周围，流线很弯曲，既有径向流，又有垂向流，表现为三维水流，其范围为滤水管长度的 1~1.5 倍；经过过渡区，流线变缓，逐渐转化为径向流；在含含水层厚度为 1~1.5 倍的距离处，转化为径向流，即二维水平流。非完整回灌井稳定流井流运动如图 3-3 所示。

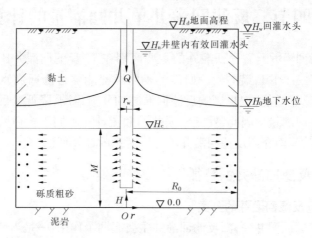

图 3-3　普通承压含水层非完整回灌井稳定流井流运动

承压含水层非完整回灌井稳定流的基本假定：①砂反滤层和含水层是均质、各向同性的，含水层在水平方向上无限延伸；②注水前地下水面是水平的；③忽略弱透水层的储水性。

参照有关文献[19]，经理论推导，普通的承压含水层非完整回灌井稳定流方程见式(3-12)。

$$Q_{pc} = \frac{2\pi K_0 M(H_w - H_0)}{\ln\dfrac{R_0}{r_w} + \dfrac{M-l}{l}\ln(1 + 0.2\dfrac{M}{r_w})} \tag{3-12}$$

式中　Q_{pc}——普通承压含水层非完整回灌井的单井回灌量，m^3/s；

　　　l——滤水管长度，m。

据文献[19]介绍，式(3-12)适用于 $M > 150r_w$、$l/M > 0.1$ 的情况；据文献[20]介绍，式(3-12)适用于 $l/M > 0.2$ 的情况，这些限制条件主要考虑抽水情况下的井流计算。文献[19]中提出 $M > 150r_w$ 的条件主要是为了限制含水层薄而降深过大的抽水井，由于回灌井不存在降深的问题，因此对回灌井而言，式(3-12)的适用范围可只考虑 $l/M > 0.1$ 一个条件。

第四节　反滤回灌井单井回灌量的计算

反滤回灌井与普通回灌井的主要区别在于：反滤回灌井比普通回灌井多了一个井口装置——回灌池。回灌池能够过滤回灌水中的杂质，具有反滤功能，但也影响反滤回灌井的井流运动，降低了反滤回灌井的单井回灌量。因此，反滤回灌井的井流计算不同于普通回灌井的井流计算，下面介绍反滤回灌井单井回灌量的计算理论。

一、反滤回灌井的特征

(一)反滤回灌井的分类

同普通回灌井一样，反滤回灌井主要起两个作用：一是当地下水库库区内地层的上部为弱透水层(相对不透水层)、地层的下部为含水层时，需要采用反滤回灌井打穿弱透水层(相对不透水层)，建立地表水与地下水之间的联系通道,将地表水回灌到含水层中。二是当地下水库库区内地层中弱透水层(相对不透水层)、含水层相间分布时,也需要采用反滤回灌井打穿弱透水层(相对不透水层),建立不同含水层之间地下水的联系通道,实现各含水层中地下水的统一调度。

从地下水的埋藏条件来看,反滤回灌井可分为两种:一种是承压含水层反滤回灌井,其地下水为承压水,地下水位高于相对不透水层底板的高程;另一种是承压－潜水含水层反滤回灌井,其地下水位低于相对不透水层底板的高程,地下水为潜水,但是当回灌地表水时,部分为承压水,部分为潜水。

从反滤回灌井的井身结构和含水层的关系来说,反滤回灌井也分为两种:一种是完整反滤回灌井,其反滤回灌井穿透整个含水层;另一种是非完整反滤回灌井,反滤回灌井未穿透整个含水层,适用于含水层相对较深的地层,有时为节省投资也采用非完整反滤回灌井。

因此,综合地下水的埋藏条件和回灌井的完整性,反滤回灌井分为四类:承压含水层完整反滤回灌井、承压－潜水含水层完整反滤回灌井、承压含水层非完整反滤回灌井、承压－潜水含水层非完整反滤回灌井。其中,地下水库回灌工程中常遇到前三种反滤回灌井。

图 3-4 为某地下水库布置于河道中的一种典型的完整反滤回灌井的结构形式,其井口形式为倒立的四方台回灌池。回灌井位于回灌池池底中间,回灌池为底面 2 m×2 m、顶面 3 m×3 m、深 1 m 的倒四方台,回灌池底为直径 800 mm 的混凝土滤水管井,回灌池内填充砾质粗砂和砾石两层反滤层。

图 3-5 为某地下水库布置于回灌引水渠中的一种典型的非完整反滤回灌井的结构形式,其井口结构为一圆台形回灌池,反滤回灌井位于回灌池中间,回灌池为直径 1.3 m、高 0.9 m 的圆台,池底为直径 800 mm 的混凝土滤水灌井,回灌池内填充砾质粗砂和砾石两层反滤层。

(二)反滤回灌井的特点

反滤回灌井是将回灌池的反滤功能和回灌井的回灌功能集于一体的综合回灌设施。同普通回灌井相比,反滤回灌井中的回灌井与普通的回灌井一样,并没有特殊之处,关键在于反滤回灌井井口增加了回灌

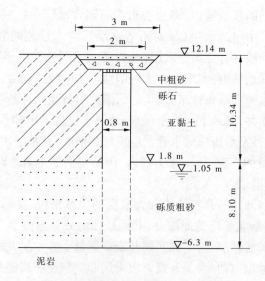

图 3-4　完整反滤回灌井的结构形式

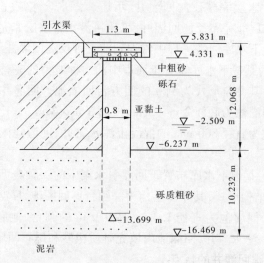

图 3-5　非完整反滤回灌井的结构形式

池,使得反滤回灌井不同于普通回灌井,并具有以下特点:

（1）从井的结构上来讲，反滤回灌井在井口位置增加了一个具有反滤功能的回灌池，将过滤回灌水杂质和回灌功能合二为一，适用于未污染或轻微污染的回灌水源；而普通的回灌井则没有反滤结构，不具有过滤回灌水杂质的功能。

（2）从水流运动来讲，对于反滤回灌井而言，水流通过井口的反滤层时，表现为向下的渗流运动，进入井内后，再进行井流运动，而对于普通的回灌井而言只有井流运动。

（3）在分析某反滤回灌井的实测回灌量时，发现在相同的条件下，反滤回灌井回灌量大大低于普通回灌井的回灌量，不能采用普通回灌井的井流公式计算反滤回灌井的回灌量。

（4）对于普通的回灌井，由于回灌是抽水的逆过程，而抽水井的井流理论相对比较成熟，因此可以参考或借用抽水井的井流公式推导普通回灌井的井流公式；但是对于反滤回灌井，目前还缺乏研究反滤回灌井的井流理论，还没有计算反滤回灌井回灌量的理论公式，只能依赖极少数现场试验的成果确定反滤回灌井的单井回灌量。

（三）反滤回灌井的渗水过程

水流通过反滤回灌井的回灌池时，水流落入回灌池，通过反滤层渗入井内，然后在井内进入含水层。因此，反滤回灌井的注水过程包括回灌池的反滤层渗水和普通回灌井的井流注水两个过程，其中反滤层渗水为有势渗流；井流注水是抽水的逆过程，是一种发散的径向有势渗流。反滤回灌井的注水过程可分为自由渗流阶段、非稳定渗流阶段、相对稳定渗流阶段、稳定回升渗流阶段四个阶段。

反滤层渗水过程是一种在水头作用下的渗流运动。在渗水之前，井内无水。渗流的初期，回灌池上部的地表水与地下水尚未形成连续水流，渗流不受地下水的影响，称为自由渗流阶段。在自由渗流阶段，地表水流经回灌池时，回灌池上部的水借助于重力和毛细作用，逐渐湿润或饱和反滤层，由于反滤层的渗透系数远大于反滤池周围土体，因而仅有很少部分水向反滤池四周扩散，绝大部分渗水沿反滤层渗入井中，并到达井内地下水面，与地下水形成连续流。这时就结束自由渗流阶段进入非稳定渗流阶段。

非稳定渗流初期，渗水注入井中，形成一定的水头，水流开始转化为水平井流或三维井流，在井内水沿径向或斜向向回灌井四周的含水层扩散，含水层中的水位上升，形成地下水丘。随着回灌的继续，地下水丘将会不断地向外扩展，注入水的一部分湿润或饱和地下水丘所扩展到的土层，一部分填充地下水丘范围内土层的孔隙，一部分渗入到含水层中产生水平径向运动或斜向运动，这时地下水的运动是非稳定的；随着注水运动的持续，地下水丘不断扩展。当地下水丘扩展到边界时，绝大部分注入水扩散到地下水丘边界以外的含水层，不再有新的湿润、饱和含水层和填充含水层孔隙的现象，这时，地下水丘的形状逐渐稳定，地下水流以水平方式向外扩散，由非稳定渗流阶段向相对稳定渗流阶段过渡。

当回灌池内回灌水结束非稳定渗流阶段时，在回灌影响的范围内，入渗量等于扩散量，地下水丘处于稳定状态，这时就进入相对稳定渗流阶段。

回灌水达到稳定渗流阶段后，在回灌影响范围内，当回灌量大于扩散量时，地下水丘以外的地下水位逐渐抬高，地下水丘会逐渐变矮，这时就进入稳定回升渗流阶段。

二、反滤回灌井的现场回灌试验

为了解反滤回灌井的井流运动特征，分析影响反滤回灌井单井回灌量的因素，在山东省莱州市王河地下水库库区尹家村附近的回灌引水渠上，选用现有的原型反滤回灌井作为试验用回灌井，进行了反滤回灌井单井回灌量的现场回灌试验研究。

(一)试验设计

1. 试验系统

试验利用现有的引水回灌渠，并进行改造，建成一条专用试验渠道。回灌试验系统包括带有反滤回灌井的试验渠、进出水系统、观测系统和供电系统等。试验系统设计的平面布置图及剖面图详见图3-6。

1)试验渠

试验渠包括引渠池、溢水池、清水池、浊水池、储水池、溢流堰、反滤

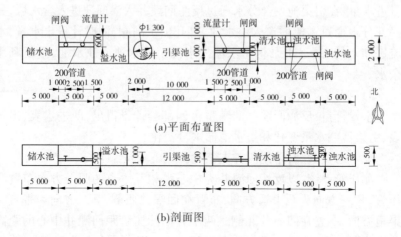

(a)平面布置图

(b)剖面图

说明:

1. 图中尺寸单位为 mm,高程单位为 m。

2. 各水池间墙厚 240,墙基宽 480。池内防水做法:找平、铺塑料薄膜、水泥砂浆厚 10、表层水泥。

3. 测压管止水方法,塑料薄膜与测压管黏接,测压管外套橡胶止水环埋于水泥层中。管道止水方法,外焊接止水环埋于水泥层中。

图 3-6 回灌试验平面布置图及剖面图

回灌井等。其中,引渠池长 12 m,由于需要模拟河水通过河道或渠道中回灌井时河水回灌入渗的情况,设计引水渠时将回灌井置于引渠池一端。溢流堰的作用是保持引渠池内水位恒定,宣泄多余水量。溢水池的作用是储存剩余河水,以便计量回灌水量。清水池的作用是储存回灌用清水。浊水池的作用是储存和制造回灌用浊水。储水池的作用是回收利用回灌水。

反滤回灌井位于回灌池中间,回灌池为外径 1.3 m、深 0.9 m 的钢筋混凝土防冲管,池底为直径 800 mm 的混凝土滤水管管井,坑内填充砾质粗砂和砾石两层反滤层。

2)进出水系统

水源井远离试验区,利用水泵从水源井抽取地下水作为试验用水,水经管道进入清水池或浊水池,打开控制闸阀,水流入引渠池,同时计量进水量,在引渠池一部分水通过反滤回灌井入渗回灌进入含水层,另一部分水通过溢流堰流入溢水池,打开出水闸阀,同时计量出水量,水流进储水池,通过水泵将储水池内水抽至清水池或浊水池,重复利用余水。

3)测量系统

水量计量:反滤回灌井回灌量由四部分计量得出,即进水表、出水表、引渠池储水量变化和溢水池储水量变化。

地下水位观测:采用测钟人工量测地下水位。

测压管系统:以反滤回灌井为中心沿相互垂直的两个方向布置测压管,其一方向为顺渠道方向,布置在回灌井西侧;其二方向为垂直于渠道方向,布置在回灌井北侧。两个方向测压管距回灌井中心的距离分别为 2 m、5 m、10 m、30 m、50 m、100 m。回灌井中心设一测压管,以观测井内水头在清、浊水回灌时的变化情况。为测量含水层内地下水位的变化,位于含水砂层处测压管管身设为花管,测压管安置好后应分别用砂砾石或粉土(与各高程处土质相对应)封井。

4)供电系统

供电系统采用柴油发电机供电。

2.试验方法和标准

现场回灌试验基本步骤:第一,试验前五天,对回灌试验井进行反扬抽水,以洗去回灌井内淤积物;同时做回灌前抽水试验,测量试验区土层的渗透系数、给水度等水文地质参数。第二,测量回灌试验前各测压管位置处地下水位。第三,进行定水头回灌试验,测量回灌水头、回灌量、各测压管水位(地下水丘曲线)。

试验观测的项目包括:回灌量、测压管处地下水位及气温、水温等。

回灌试验中形成稳定流的判断标准:①测压管水位,2 h 内水位变幅不超过 ±1 cm,且无连续上升或下降趋势时;②回灌量,2 h 内回灌量变幅(最大减最小,然后除以平均值)不超过 5%,且无连续上升或下降趋势时。

(二)试验场地条件

试验区地势平坦,地面高程为 5.423 ~ 5.995 m,引水渠底面高程为 4.108 ~ 4.331 m,试验区场地地形见图 3-7。

图 3-7　试验区场地地形

试验区分布的主要地层为人工堆积、第四系全新统海积堆积、第四系上更新统冲洪积堆积和太古－元古界胶东群民山组变质岩,分述如下:①表层耕作层,平均厚 1.851 m,砂壤土;②第四系全新统海积堆积层,平均厚 2.25 m,黑色粉质壤土;③第四系全新统海积堆积层,平均厚 2.307 m,灰褐色淤泥质粉细砂,渗透系数为 3.81×10^{-4} cm/s;④第四系上更新统冲洪积堆积层,平均厚 5.66 m,黄色粉质壤土;⑤第四系上更新统冲洪积堆积层,平均厚 10.232 m,黄色砾质粗砂,渗透系数为 2.3×10^{-3} cm/s;⑥第四系上更新统冲洪积堆积层,平均厚 6.33 m,黄色砂质黏土;⑦太古－元古界胶东群民山组变质岩,片麻岩,未见底。试验区地下水埋深为 8.16 ~ 8.87 m,地下水位为 －2.174 ~ －2.509 m。

试验区场地地质剖面图见图 3-8。

(三)现场回灌试验

1.试验类型

按照试验时间的先后顺序,回灌试验分为三个阶段:第一个阶段进行了 0.2 m 堰高、定水头的清水回灌试验,试验历时 24 h;第二个阶段进行了 0.7 m 堰高、定水头的清水回灌试验,试验历时 21 h;第三个阶段连续进行了 1.2 m 堰高、0.7 m 堰高定水头的清水回灌以及 0.7 m

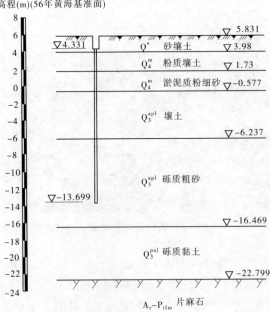

高程(m)(56年黄海基准面)

图例

Q^s—人工堆积；ㅤㅤㅤㅤㅤㅤㅤㅤㅤQ$_3^{apl}$—第四系上更新统冲洪积堆积；

Q$_4^m$—第四系全新统海积堆积；ㅤㅤㅤㅤQ$_3^{pal}$—第四系上更新统洪冲积堆积；

A$_r$ - P$_{tlm}$—太古 - 元古界胶东群民山组变质岩

图3-8　试验区场地地质剖面图

堰高定水头的回灌井反滤层表层有淤积层的试验,试验总历时 34 h。

　　2. 单井回灌量成果

　　堰高 0.2 m 定水头清水回灌试验回灌量过程线见图3-9,堰高 0.7 m 定水头清水回灌试验回灌量过程线见图3-10,堰高 1.2 ~ 0.7 m 定水头清水连续回灌试验回灌量过程线见图3-11。

　　回灌试验单井回灌量试验成果:①堰高 0.2 m 定水头清水回灌试验,平均回灌量为 236.08 m³/d。②堰高 0.7 m 定水头清水回灌试验,平均回灌量为 193.8 m³/d。③堰高 1.2 m ~ 0.7 m 定水头清水连续回灌试验,堰高 1.2 m 水头平均回灌量为 327.5 m³/d,堰高 0.7 m 定水头平均回

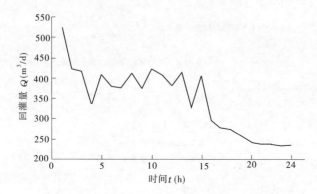

图 3-9　堰高 0.2 m 定水头清水回灌试验回灌量过程线

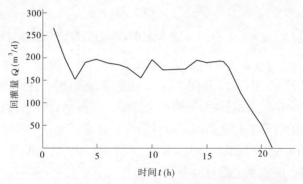

图 3-10　堰高 0.7 m 定水头清水回灌试验回灌过程线

灌量为 215.89 m³/d，堰高 0.9 m 水头瞬时回灌量为 265.32 m³/d。④堰高 0.7 m 定水头淤积回灌试验，平均回灌量为 172.87 m³/d。

3.回灌量过程线的特征

总的来说，回灌量过程线表现为两个阶段，非稳定阶段和稳定阶段。其中，非稳定阶段可分为起始阶段和波动阶段。

在回灌的起始阶段，回灌水通过井口回灌池反滤层灌入井中，井内大量气泡开始逸出，并形成回灌水柱，水沿井壁水平渗入含水层中，形成地下水丘，这时表现为较大的回灌量。图 3-9 中首先进行的 0.2 m 定水头清水回灌量过程线表现得尤为突出，初期回灌量很高，得出的单井回灌量偏高。初期灌入的水量包括：充填井、土层的空隙、孔隙水量，

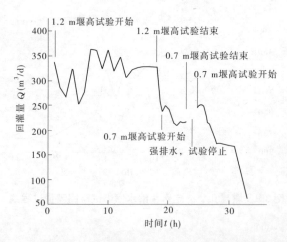

图 3-11　堰高 1.2 ~0.7 m 定水头清水连续回灌试验回灌量过程线

井柱四周土、包气带土和潜水层上部非饱和土吸水量,进入含水层的水量。对比图 3-9、图 3-10 和图 3-11 可以发现,在后期进行的 0.7 m 定水头和 1.2 m 定水头试验中,初期的回灌量逐渐降低,在最后的 1.2 m 定水头试验中较高的初期高回灌量已消失。这说明经过持续回灌后的回灌井,再次回灌时,充填孔隙的水量、井柱四周土、包气带土、潜水层上部非饱和土的吸水量相对减少。

　　在非稳定渗流阶段中,起始阶段很短,回灌很快进入波动阶段。在这个阶段,地下水丘不断扩张,大部分回灌水进入地下水层,还有一部分回灌水被用于充填土层孔隙水量和补充包气带土、潜水层上部非饱和土的吸水量。随着回灌试验的持续,地下水丘逐渐稳定,回灌量处于波动状态。同时,由于回灌水并非纯净的清水,存在一定的淤泥颗粒,回灌时存在一定的气泡阻力,这些都会影响回灌量,使回灌量不断降低。但是,毕竟回灌水含有颗粒的较少,这种淤积、气阻的影响还是有限的。

　　在非稳定阶段后期,地下水的持续回灌,使得地下水丘的扩张逐渐稳定下来,在地下水丘影响范围内的地层逐渐饱和,回灌量的波动逐渐减少,回灌的地下水基本上进入含水层,这时非稳定回灌阶段结束,进入稳定回灌阶段,地下水丘和回灌量相对稳定。

4. 回灌量分析

1) 反滤层对回灌量的影响

在堰高 1.2~0.7 m 定水头清水连续回灌试验和堰高 0.7 m 定水头清水回灌试验中,采用了不同的反滤层,前者采用平均粒径为 2.713 mm、不均匀系数为 3.95 的细砾反滤层,后者采用平均粒径为 0.933 mm、不均匀系数为 3.44 的砾质粗砂反滤层。试验得出在堰高 0.7 m 定水头清水回灌时的回灌量,采用前者细砾反滤料的回灌试验得出的单井回灌量为 215.89 m^3/d,采用后者砾质粗砂反滤料的回灌试验得出的单井回灌量为 193.8 m^3/d,二者相差 11.4%。可见,反滤层粒径的差异影响反滤层的渗透性,最终影响单井回灌量。

2) 淤积对回灌量的影响

在堰高 1.2~0.7 m 定水头清水连续回灌试验中,进行了堰高 0.7 m 定水头下的清水回灌试验和堰高 0.7 m 定水头下反滤层表层有 2 cm 厚淤泥的清水回灌试验。试验表明,淤积层对回灌量产生较大的影响,不含淤泥层回灌试验的单井回灌量为 215.89 m^3/d,含淤泥层回灌试验的单井回灌量为 172.87 m^3/d,单井回灌量降低 24.9%。

5. 结论

通过试验和分析,可以得出以下结论:

(1)不仅含水层厚度、含水层渗透系数、地下水埋深和回灌井的结构影响反滤回灌井的单井回灌量,井口回灌池砂反滤层的颗粒组成也对单井回灌量的影响较大,回灌池砂反滤层上部淤泥的厚度及淤泥的渗透性对单井回灌量影响更大。

(2)在现场环境条件决定的含水层厚度、地下水埋深和细砾反滤层的情况下,当渠内水深为 1.2 m 时,平均单井回灌量为 327.5 m^3/d;当渠内水深为 0.7 m 时,平均单井回灌量为 215.89 m^3/d。

(3)在现场环境条件决定的含水层厚度、地下水埋深、回灌井结构和细砾反滤层的情况下,当渠内水头为 0.7 m,且反滤层顶部覆盖 2 cm 左右的淤泥时,平均单井回灌量为 172.87 m^3/d。

(4)在现场环境条件决定的含水层厚度、地下水埋深、回灌井结构和砾质粗砂反滤层的情况下,当渠内水深为 0.7 m 时,平均单井回灌量为 193.8 m³/d。

三、承压含水层完整反滤回灌井稳定流模型

(一)承压含水层完整反滤回灌井稳定流运动特征

地下水库回灌过程中典型的完整反滤回灌井的结构形式见图 3-4。当地下水位高于不透水层顶板高程时,地下水表现为承压水,进行地下水回灌时,就是典型的承压含水层完整反滤回灌井。

假设在半径为 R 的圆形岛屿中心,打一眼承压含水层完整反滤回灌井,岛屿周围的地下水位固定不变,回灌前岛屿内初始地下水位水平。地表水流经过反滤回灌井时,首先渗入回灌池内砂反滤层,然后通过碎石反滤层、井盖流入回灌井,并在井内水平进入含水层,整个注水运动可分为回灌池的渗流运动和回灌井的井流运动。

回灌池结构及水流特性如图 3-12 所示,由于碎石层的渗透系数比砂层的渗透系数大得多,水流经过回灌池内反滤层上部的砂层时,水流近似为垂向流,水流在通过反滤层下部的碎石层时,水流由近似的垂向流逐渐转变为斜向流,在经井盖进入井内之前,既有垂向流,又有水平流,表现为三维流。

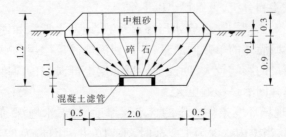

图 3-12　典型反滤回灌井回灌池结构及水流特性　（单位:m）

水流进入井内后,井流运动表现为承压含水层完整回灌井稳定流。

通过现场试验观测和理论分析可知,承压含水层完整反滤回灌井稳定流运动具有以下运动特征:

(1)回灌池内水流由砂反滤层近似的竖向渗流,经砾石反滤层斜

向流落入井内,再转化为水平井流,进入含水层;

(2)砂反滤层的垂向流和回灌井水平流组成连续的承压含水层完整反滤回灌井的稳定流,如图3-13所示。

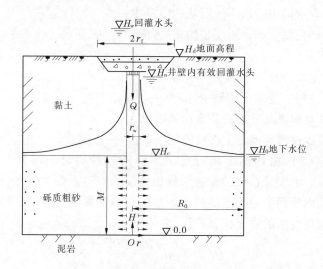

图3-13　典型承压含水层完整反滤回灌井稳定流模型

从注水时间上看,反滤回灌井的注水运动可分为非稳定流和稳定流两个阶段。注水运动的初期为非稳定流阶段,水流经过回灌池内反滤层落入井内,并进入含水层,注入水填充反滤层孔隙、井内空间和含水层孔隙,注入井中的水同时成为地下水丘水体的来源,随回灌时间的持续,地下水丘不断扩展,表现为非稳定流。当地下水丘扩展到岛屿边界时,回灌水量和流出岛屿边界的水量相等时,就结束非稳定运动,进入稳定运动阶段,这时地下水丘的形状也相对稳定。

(二)承压含水层完整反滤回灌井稳定流模型

1. 基本假定

假设在半径为 R 的圆形岛屿中心,打一眼承压含水层完整反滤回灌井,岛屿周围的地下水位固定不变,回灌前岛屿内初始地下水位水平。承压含水层完整反滤回灌井稳定流如图3-13所示。

承压含水层完整反滤回灌井稳定流的基本假定:

（1）在连续注水的条件下,回灌池中的渗水全部进入回灌井中,即垂向流和水平流是连续的,无蒸发损失和侧向渗漏损失;

（2）水流通过砂反滤层的垂向流服从达西定律;

（3）含水层中的水平流服从达西定律;

（4）砂反滤层和含水层是均质、各向同性的,含水层在水平方向上无限延伸;

（5）灌水前地下水面是水平的;

（6）忽略弱透水层的储水性。

2.井口回灌池砂反滤层垂向流渗流方程

水流经过回灌池内上部反滤层的砂层时,水流近似为垂向流,根据基本假定(2),由达西定律可得出水流通过砂层时的渗流方程,见式(3-13)。由于砾石层的渗透系数比砂层的渗透系数大得多,因此砂反滤层断面是回灌池反滤层过水断面的控制断面,式(3-13)是水流通过回灌池反滤层的渗流控制方程。

$$Q_k = K_f \pi r_f^2 \frac{H_w - H_f}{m_f} \tag{3-13}$$

式中　Q_k——回灌池的渗入量,m^3/s;

　　　H_w——反滤池外水头,即河道或渠道回灌设计水位,m;

　　　H_f——水流通过砂反滤层后的水头,m;

　　　K_f——砂反滤层的渗透系数,m/s;

　　　r_f——砂反滤层控制断面的等效半径,m,$r_f = \sqrt{\dfrac{A_f}{\pi}}$,其中 A_f 为回

　　　　　灌池砂反滤层的横断面面积;

　　　m_f——砂反滤层厚度,m。

3.普通的承压含水层完整回灌井井流方程

承压含水层完整回灌井的单井回灌量参见式(3-4)。

4.承压含水层完整反滤回灌井稳定流模型

从前文可知:承压含水层完整反滤回灌井中,稳定流运动由砂反滤层的垂向流和普通回灌井水平流组成,因此反滤回灌井的回灌量由砂反滤层的垂向流和普通回灌井水平流共同控制。根据基本假定(1),

砂反滤层的垂向流和普通回灌井水平流是连续的,因此垂向流和水平流的流量相等。

反滤回灌井稳定流模型由砂反滤层的垂向流(式(3-13))和回灌井水平流(式(3-4))两个运动方程及一个连续条件联合组成,其中连续条件为砂反滤层的垂向流和回灌井水平流的流量相等。

此外,水流通过井口碎石反滤层和井盖时会产生一定的水头损失,在井中回灌时也会产生一定的井损,这些因素导致砂反滤层后的水头 H_f 和回灌井内有效回灌水头 H_n 的不同。为了简化计算,假定砂反滤层后的水头 H_f 和回灌井内有效回灌水头 H_n 的关系可用式(3-16)表示,其中 β_c 小于 1,代表承压含水层完整反滤回灌井的综合水头损失。

因此,承压含水层完整反滤回灌井稳定流模型由式(3-14)(同式(3-13))、式(3-15)(同式(3-4))和式(3-16)联合组成。在式(3-14)和式(3-15)中,采用同一个符号 Q 代表连续条件,即砂反滤层的垂向流和回灌井水平流的流量相等。

$$Q = K_f \pi r_f^2 \frac{H_w - H_f}{m_f} \tag{3-14}$$

$$Q = \frac{2\pi K_0 M(H_n - H_0)}{\ln \dfrac{R_0}{r_w}} \tag{3-15}$$

$$H_n = \beta_c H_f \tag{3-16}$$

式中　Q——反滤回灌井的单井回灌量,$\mathrm{m^3/s}$;

$\quad\quad\beta_c$——承压完整反滤回灌井综合折减系数,无量纲,β_c 的计算方法参见本章第四节;

$\quad\quad$其他符号意义同前。

通过求解式(3-14)、式(3-15)、式(3-16)组成的联合方程组,可得到承压含水层完整反滤回灌井稳定流的单井回灌量及回灌井的有效回灌水头。经计算可得水流通过砂反滤层后的水头 H_f,见式(3-17)。

$$H_f = \frac{H_w + \alpha_c H_0}{1 + \alpha_c \beta_c} \tag{3-17}$$

式中　　α_c——承压完整稳定流系数,无量纲,$\alpha_c = \dfrac{2K_0 M m_f}{K_f r_f^2 \ln \dfrac{R_0}{r_w}}$;

其他符号意义同前。

将 H_f 代入式(3-16)得到回灌井内有效回灌水头 H_n,然后将 H_f 和 H_n 分别代入式(3-14)或式(3-15)可求得相应的单井回灌量。由式(3-5)可得到计算地下水丘水头曲线的公式,见式(3-18)。

$$H = H_n - \frac{Q \ln \dfrac{r}{r_w}}{2\pi K_0 M} \tag{3-18}$$

承压含水层完整反滤回灌井稳定流地下水丘见图3-13。

四、承压－潜水含水层完整反滤回灌井稳定流模型

(一)承压－潜水含水层完整反滤回灌井稳定流的运动特征

典型完整反滤回灌井的结构形式见图3-4。当地下水位低于不透水层顶板高程时,地下水表现为潜水,进行回灌时,就成为承压－潜水含水层完整反滤回灌井。

承压－潜水含水层完整反滤回灌井稳定流的运动特征与承压含水层完整反滤回灌井稳定流的运动特征基本相似。承压－潜水含水层完整反滤回灌井的稳定流也由回灌池砂反滤层的竖向渗流和回灌井水平流组成,与承压含水层完整反滤回灌井稳定流运动不同之处在于:承压－潜水含水层完整反滤回灌井稳定流中回灌井水平流的地下水丘由承压含水层段和潜水含水层段组成。

承压－潜水含水层完整反滤回灌井稳定流运动的特征如下:

(1)回灌池内水流由砂反滤层近似的垂向流,经碎石反滤层的斜向流落入井内,又转化为水平流,进入含水层;

(2)砂反滤层垂向流和回灌井水平流组成连续的承压－潜水含水层完整反滤回灌井的稳定流。

承压－潜水含水层完整反滤回灌井的稳定流详见图3-14。

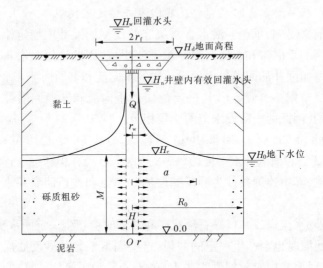

图 3-14　承压 – 潜水含水层完整反滤回灌井的稳定流模型

(二) 承压 – 潜水含水层完整反滤回灌井稳定流模型

1. 基本假定

假设在半径为 R 的圆形岛屿中心,打一眼承压 – 潜水含水层完整反滤回灌井,岛屿周围的地下水位固定不变,回灌前岛屿内初始地下水位水平。承压 – 潜水含水层完整反滤回灌井稳定流如图 3-14 所示。

承压 – 潜水含水层完整反滤回灌井稳定流的基本假定:

(1)在连续注水的条件下,回灌池中的渗水全部进入回灌井中,即垂向流和水平流是连续的,无蒸发损失和侧向渗漏损失;

(2)水流通过砂反滤层的垂向流服从达西定律;

(3)含水层中的水平流服从达西定律;

(4)砂反滤层和含水层是均质、各向同性的,含水层在水平方向上无限延伸;

(5)灌水前地下水面是水平的;

(6)忽略弱透水层的储水性。

2. 普通的承压 – 潜水含水层完整回灌井稳定流方程

普通的承压 – 潜水含水层完整回灌井稳定流方程参见式(3-8)。

3. 承压 – 潜水含水层完整反滤回灌井稳定流模型

从前文可知,承压 – 潜水含水层完整反滤回灌井中稳定流运动由砂反滤层的垂向流和普通回灌井水平流组成,因此承压 – 潜水含水层完整反滤回灌井的回灌量由砂反滤层的垂向流和普通回灌井水平流共同控制。根据基本假定(1),砂反滤层的垂向流和普通回灌井水平流是连续的,因此两个阶段水流的流量相等。

由此可知:反滤回灌井稳定流模型由砂反滤层的垂向流(式(3-13))和回灌井水平流(式(3-8))两个运动方程和一个连续条件联合组成,其中连续条件为砂反滤层的垂向流和普通回灌井水平流的流量相等。

此外,水流通过井口碎石反滤层和井盖时会产生一定的水头损失,在井中回灌时也会产生一定的井损,这些因素会导致砂反滤层后的水头 H_f 和回灌井内有效回灌水头 H_n 的不同。为了简化计算,假定砂反滤层后的水头 H_f 和回灌井内有效回灌水头 H_n 的关系可用式(3-21)表示,其中 β_{cu} 为小于 1 的系数,代表考虑承压 – 潜水含水层完整反滤回灌井的综合水头损失。

因此,承压 – 潜水含水层中完整反滤回灌井稳定流模型由式(3-19)(同式(3-13))、式(3-20)(同式(3-8))和式(3-21)联合组成。在式(3-19)和式(3-20)中,采用同一个 Q 代表连续条件,即砂反滤层的垂向流和回灌井井流流量相等。

$$Q = K_f \pi r_f^2 \frac{H_w - H_f}{m_f} \tag{3-19}$$

$$Q = \frac{\pi K_0 (2MH_n - M^2 - H_0^2)}{\ln \dfrac{R_0}{r_w}} \tag{3-20}$$

$$H_n = \beta_{cu} H_f \tag{3-21}$$

式中　β_{cu}——承压 – 潜水完整反滤回灌井综合折减系数,无量纲,β_{cu} 的计算方法参见本章第四节;

其他符号意义同前。

通过求解式(3-19)、式(3-20)、式(3-21)组成的联合方程组,得到承压－潜水含水层中完整反滤回灌井稳定流的单井回灌量及回灌井内有效回灌水头。经计算可得水流通过砂反滤层后的水头 H_f，见式(3-22)。

$$H_f = \frac{H_w}{1 + \alpha_{cu}\beta_{cu}} + \frac{\alpha_{cu}(M^2 + H_0^2)}{2M(1 + \alpha_{cu}\beta_{cu})} \tag{3-22}$$

式中　　α_{cu}——承压－潜水完整稳定流系数，无量纲，$\alpha_{cu} = \dfrac{2K_0 M m_f}{K_f r_f^2 \ln \dfrac{R_0}{r_w}}$。

将 H_f 代入式(3-21)得到回灌井内有效回灌水头 H_n，然后将 H_f 和 H_n 分别代入式(3-19)或式(3-20)可求得相应的单井回灌量。

在承压－潜水含水层中，完整反滤回灌井中回灌井的水平流由承压段和潜水段组成，其中由式(3-9)计算承压段地下水丘曲线，由式(3-10)计算潜水段地下水丘曲线，承压段和潜水段分界线参数 a（距井中心的距离）如图 3-14 所示，可由式(3-23)计算。

$$a = r_w e^{\frac{2\pi K_0 M(H_n - M)}{Q}} \tag{3-23}$$

(三)讨论

1. 影响回灌池水头损失的主要因素

对于图 3-14 所示的反滤回灌井，通过现场试验，得实测单井回灌量为 450 m^3/d。按普通的承压－潜水含水层完整回灌井的单井回灌量公式(式(3-8))计算，单井回灌量为 891.3 m^3/d。按承压－潜水含水层反滤回灌井的单井回灌量公式(式(3-19)～式(3-21))计算，如果不考虑水头损失，令 $\beta_{cu} = 1$，则单井回灌量为 615.5 m^3/d，相应的回灌井内有效水头 $H_n = 15.02$ m，而回灌池外水位为 18.44 m，由此推算，由回灌池引起的水头损失为 18.5%。这就是反滤回灌井稳定流理论和普通井流理论计算单井回灌量产生较大区别的主要原因。

影响单井回灌池反滤层水头损失的主要因素有回灌池过水断面面积、砂反滤层渗透系数、砂反滤层表层淤泥厚度等。

1）回灌池过水断面面积的影响

普通井流理论中的垂向流的过水断面是井孔中圆形平面的整个面

积,而回灌池砂反滤层垂向流的过水断面仅仅是方形平面中砂土的孔隙面积,二者有很大的区别。因而回灌池砂反滤层的断面面积影响回灌量的大小。上述实例中,在不考虑其他条件影响的情况下,若回灌池面积增大 1 倍,则 $H_n = 16.42$ m,单井回灌量为 727.9 m³/d;若回灌池面积增大 2 倍,则 $H_n = 17.01$ m,单井回灌量为 775.1 m³/d;如果回灌池与回灌井面积之比过大,会使回灌池内水流特性变得更为复杂,从而影响计算成果的可靠性。但是这足以说明:在一定范围内,回灌池面积越大,回灌池水头损失越小,单井回灌量越大;从减少回灌池水头损失的角度来讲,在一定范围内,回灌池断面越大越好。

2)砂反滤层渗透系数的影响

砂反滤层渗透系数越大,渗流量越大;反之,渗流量越小。假定将回灌池中粗砂反滤层渗透系数提高到原来的 5 倍,即 5.92×10^{-4} m/s,利用反滤回灌井稳定流计算,得 $H_n = 17.53$ m,单井回灌量为 817.5 m³/d。单井回灌量的计算结果与普通井流理论的计算结果相近,说明回灌池反滤层渗透系数的大小影响单井回灌量。

3)砂反滤层表层淤泥厚度的影响

回灌池表层如果存在很薄的淤泥,会大幅度降低反滤层的等效渗透系数,并影响回灌量。上述实例中,若回灌池表面存在 1 mm 厚的淤泥,按理论公式计算反滤层的等效渗透系数,如果 β_{cu} 取 1,则回灌量为 460.6 m³/d,回灌量降幅约 25.2%。

2. 影响水平流井损的主要因素

水平流中引起水头损失的因素有回灌和抽水时含水层渗透系数的差异及井损等。

1)回灌和抽水时含水层渗透系数的差异

含水层渗透系数主要来源于抽水试验成果,水来源于含水层。而回灌水来源于地表水,由于回灌水中存在气泡、淤泥颗粒等多种因素,造成一定的井流阻塞。在同等情况下,井的回灌量低于抽水量,体现在渗透系数上,回灌时含水层的渗透系数小于抽水时含水层的渗透系数。

2)井损的存在

与抽水井一样,回灌井也存在井损。影响井损的因素有滤水管、井径、回灌量等。地下水回灌时,地下水丘的壅起高度也包括两部分,即理论壅高和井损。

3. 影响半径对单井回灌量影响的敏感性分析

在承压 – 潜水含水层完整反滤回灌井回灌量的计算公式(3-20)和承压 – 潜水稳定流系数 α_{cu} 中,都含有影响半径 R_0,影响半径 R_0 的变化会引起反滤回灌井单井回灌量的变化,分析影响半径 R_0 对反滤回灌井单井回灌量的敏感程度具有重要的现实意义。

影响半径 R_0 指抽水井井孔中心至降落漏斗(升起水丘)外部边缘的距离,它与井的结构、含水层的性质、抽水量的大小、降落漏斗(升起水丘)的大小等因素有关。在现场抽水试验的基础上,一些学者建立了计算影响半径的经验和半经验公式,其中有适用于承压含水层的 Siechardt 公式和适用于非承压含水层的 Kusakin 公式等,其中 Siechardt 公式见式(3-24)。

$$R_0 = 3\,000 S_w \sqrt{K_0} \tag{3-24}$$

式中　S_w——井中降深,m。

回灌是抽水的逆过程,假定回灌条件下影响 R_0 的因素与抽水条件下影响 R_0 的因素一样,相应的经验公式也适用回灌井流。近似的采用式(3-24),并结合式(3-20),通过试算可以得出,单井回灌量为 450 m^3/d 时的影响半径 R_0 约为 183.5 m。

影响半径 R_0 对单井回灌量敏感性分析的方法是:确定影响半径的变化范围,分析影响半径变化时相应单井回灌量的变化程度,进而分析影响半径对单井回灌量的敏感程度。影响半径 R_0 基准值取 183.5 m,相应的反滤回灌井单井回灌量 $Q_1 = 615.5\ m^3/d$(不考虑井损等因素)和 $Q_2 = 450\ m^3/d$(考虑井损等因素),当影响半径在 $(0.2 \sim 30) R_0$ 的范围变化时,相应单井回灌量的大小和相对变化率($\dfrac{\left| Q_1 - 615.5 \right|}{615.5}$ 或 $\dfrac{\left| Q_2 - 450.0 \right|}{450.0}$)见表 3-3。

从表 3-3 中可以看出,当影响半径 R_0 在 $(0.2 \sim 30) R_0$ 范围内变化时,Q_1 的变化范围为 744.6 ~ 450.5 m^3/d,变化幅度为 21% ~ −27%;

Q_2 的变化范围为 554.0 ~ 323.1 m^3/d,变化幅度为 23% ~ -28%。可见,影响半径的精度影响反滤回灌井单井回灌量的大小。

表 3-3　影响半径对反滤回灌井回灌量的影响

	$0.2R_0$	$0.436R_0$	$0.8R_0$	R_0	$1.4R_0$	$2.18R_0$	$4R_0$	$6R_0$	$8R_0$	$10R_0$	$20R_0$	$30R_0$
$Q_1(m^3/d)$	744.6	676.1	630.7	615.5	594.0	568.0	535.5	515.9	502.9	493.2	465.4	450.5
$\dfrac{\|Q_1-615.5\|}{615.5}$	0.21	0.11	0.02	0	0.03	0.08	0.13	0.16	0.18	0.20	0.24	0.27
$Q_2(m^3/d)$	554.0	498.7	462.5	450.0	433.6	413.3	388.0	373.0	363.0	355.6	334.4	323.1
$\dfrac{\|Q_2-450.0\|}{450.0}$	0.23	0.11	0.03	0	0.04	0.08	0.14	0.17	0.19	0.21	0.26	0.28

对于砾质粗砂含水层,参考有关资料,一般情况下影响半径为 80 ~ 400 m,按此计算,则 Q_1 的变化范围为 676.1 ~ 568.0 m^3/d,变化幅度为 11% ~ -8%;Q_2 的变化范围为 498.7 ~ 413.3 m^3/d,变化幅度为 11% ~ -8%。

由此得出以下结论:

(1)不考虑降深等因素,当砾质粗砂含水层的影响半径为 80 ~ 400 m 时,影响半径取 183.5 m,其单井回灌量的最大误差为 11%。

(2)从回灌量 Q_1 和 Q_2 的相对变化值分析,影响半径对单井回灌量 Q_1 和 Q_2 的影响是相似的。

(3)考虑降深、含水层渗透性的影响,由经验公式试算得到影响半径的值,并据此计算的单井回灌量是符合实际情况的,虽说影响半径影响单井回灌量的大小,但是对单井回灌量的影响较小。

五、承压含水层非完整反滤回灌井稳定流模型

本节首先分析承压含水层非完整反滤回灌井稳定流的运动特征,推导承压含水层非完整反滤回灌井稳定流计算公式,然后进行了承压含水层非完整反滤回灌井的现场回灌试验研究,并利用现场回灌试验的成果验证了所推导计算公式的合理性。

(一)承压含水层非完整反滤回灌井稳定流的运动特征

某地下水库回灌渠道中的非完整反滤回灌井的结构模型见

图 3-5。当地下水位高于不透水层顶板高程时,地下水表现为承压水,进行回灌时,含水层就成为承压含水层。

　　假设在半径为 R 的圆形岛屿中心,打一眼承压含水层非完整反滤回灌井,岛屿周围的地下水位固定不变,回灌前岛屿内初始地下水位水平。地表水流经过反滤回灌井时,先渗入回灌池内砂反滤层,然后通过碎石反滤层、井盖落入回灌井,并进入含水层,整个注水运动可分为回灌池砂反滤层的垂向流渗流运动和回灌井的井流运动。

　　回灌池结构及水流特性如图 3-15 所示,由于碎石层的渗透系数比砂层的渗透系数大得多,水流经过回灌池内反滤层上部的砂层时,水流近似为垂向流,水流在通过反滤层下部的碎石层时,水流由近似的垂向流逐渐转变为斜向流,在经井盖进入井内之前,既有垂向流,又有水平流,表现为三维流。

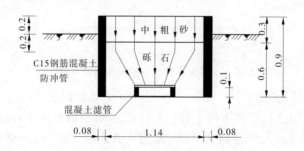

图 3-15　圆柱形反滤回灌井回灌池结构及水流特性 （单位:m）

　　水流进入井内后,表现为非完整回灌井稳定流。

　　由上述分析可知,承压含水层非完整反滤回灌井稳定流的特点如下:

　　(1)回灌池内水流由砂反滤层近似的垂向流,经历斜向流,落入井内,又转化为非完整井流,并进入含水层。

　　(2)水流经过砂反滤层时,近似为垂向流,假定符合达西定律,为层流。

　　(3)在非完整井流中,水流进入含水砂层时,在滤水管周围表现为三维流,随离开井轴距离的增加,由三维流逐渐转化为二维水平流。

（4）砂反滤层垂向流和承压含水层非完整井流组成承压含水层非完整反滤回灌井稳定流。

承压含水层非完整反滤回灌井稳定流的地下水丘见图3-16。

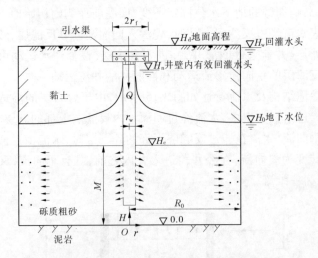

图 3-16　承压含水层非完整反滤回灌井稳定流

从注水的时间上看，承压含水层非完整反滤回灌井的注水运动可分为非稳定流和稳定流两个阶段。注水运动的初期为非稳定流，水流经过回灌池内反滤层进入井内，并进入含水层，注入水填充反滤层孔隙、井内空间和含水层孔隙，注入井中的水就成为地下水丘水体的来源，随着回灌时间的持续，地下水丘不断扩展，表现为非稳定流。当地下水丘扩展到岛屿边界时，注水量和流出岛屿边界的水量相等，地下水丘就结束非稳定运动阶段，进入稳定运动阶段，地下水丘的形状也进入稳定状态。

（二）承压含水层非完整反滤回灌井稳定流模型

1. 基本假定

假设在半径为 R 的圆形岛屿中心，打一眼承压含水层非完整反滤回灌井，岛屿周围的地下水位固定不变，回灌前岛屿内初始地下水位水平。承压含水层非完整反滤回灌井稳定流如图3-16所示。

承压含水层非完整反滤回灌井稳定流的基本假定：

（1）在连续注水的条件下，回灌池中的渗水全部进入回灌井中，即垂向流和水平流是连续的，无蒸发损失和侧向渗漏损失；

（2）水流通过砂反滤层的垂向流服从达西定律；

（3）砂反滤层和含水层是均质、各向同性的，含水层在水平方向上无限延伸；

（4）注水前地下水面是水平的；

（5）忽略弱透水层的储水性。

2. 普通的承压含水层非完整回灌井稳定流方程

普通的承压含水层非完整回灌井稳定流方程见式（3-12）。

3. 承压含水层非完整反滤回灌井稳定流模型

从前文可知，承压含水层非完整反滤回灌井中，稳定流运动由砂反滤层的垂向流和普通非完整回灌井井流组成，因此反滤回灌井的回灌量由砂反滤层的垂向流和普通非完整回灌井井流共同控制。根据基本假定（1），砂反滤层的垂向流和普通非完整回灌井井流是连续的，因此假定两个阶段水流的流量相等。

由此可知：承压含水层非完整反滤回灌井稳定流模型由砂反滤层的垂向流（式（3-13））和普通非完整回灌井井流（式（3-12））两个运动方程及一个连续条件联合组成，其中连续条件为砂反滤层的垂向流和普通非完整回灌井的流量相等。

此外，水流通过井口碎石反滤层和井盖时会产生一定的水头损失，在井中回灌时也会产生一定的井损，这些因素会导致砂反滤层后的水头 H_f 和回灌井内有效回灌水头 H_n 的不同，为了简化计算，假定砂反滤层后的水头 H_f 和回灌井内有效回灌水头 H_n 的关系可用式（3-27）表示，其中 β_{pc} 为小于 1 的系数，代表承压含水层非完整反滤回灌井的综合水头损失。

承压含水层非完整反滤回灌井稳定流模型由式（3-25）（同式（3-13））、式（3-26）（同式（3-12））和式（3-27）联合组成。在式（3-25）和式（3-26）中，采用同一个 Q 代表砂反滤层的垂向流和回灌井井流流量相等的连续条件。

$$Q = K_f \pi r_f^2 \frac{H_w - H_f}{m_f} \tag{3-25}$$

$$Q = \frac{2\pi K_0 M (H_n - H_0)}{\ln \dfrac{R_0}{r_w} + \dfrac{M - l}{l} \ln(1 + 0.2 \dfrac{M}{r_w})} \tag{3-26}$$

$$H_n = \beta_{pc} H_f \tag{3-27}$$

式中　β_{pc}——承压非完整反滤回灌井综合折减系数,无量纲,β_{pc} 的计算方法参见本章第四节。

　　通过求解式(3-25)、式(3-26)、式(3-27)组成的联合方程组,可得到承压含水层非完整反滤回灌井的单井回灌量及回灌井的有效回灌水头。经计算求解,得到水流通过砂反滤层后的水头 H_f,见式(3-28)。

$$H_f = \frac{H_w + \alpha_{pc} H_0}{1 + \alpha_{pc} \beta_{pc}} \tag{3-28}$$

其中　　　$\alpha_{pc} = \dfrac{2K_0 M m_f}{K_f r_f^2 \left[\ln \dfrac{R_0}{r_w} + \dfrac{M - l}{l} \ln(1 + 0.2 \dfrac{M}{r_w}) \right]}$

式中　α_{pc}——承压非完整组合稳定流系数,无量纲。

　　将 H_f 代入式(3-27)得到回灌井内有效回灌水头 H_n,然后将 H_f 和 H_n 分别代入式(3-25)或式(3-26)可求得承压含水层非完整反滤回灌井的单井回灌量。

(三)讨论

　　利用承压含水层非完整反滤回灌井也进行了现场回灌试验,从承压含水层非完整反滤回灌井现场回灌试验中得出了与承压－潜水含水层完整反滤回灌井现场回灌试验相似的结论。

　　1. 影响回灌池水头损失的主要因素

　　对于如图3-16所示的承压含水层非完整反滤回灌井,通过现场试验,得实测单井回灌量为 193.8 m³/d。但是,若按普通的承压含水层非完整井的单井回灌量公式(式(3-12))计算,其单井回灌量为 734.42 m³/d;若按承压含水层非完整反滤回灌井的单井回灌量的计算公式(式(3-25)~式(3-27))计算,假如 $\beta_{pc} = 1$,则单井回灌量为 221.70

m^3/d,相应的回灌井有效水头 $H_n = 16.19\ m$,而回灌池外水位为 21.5 m。由此推算,由回灌池引起的水头损失为 24.70%。这就是利用反滤回灌井稳定流理论和普通井流理论计算单井回灌量产生较大区别的主要原因。

影响回灌池反滤层水头损失的主要因素有三个,即回灌池过水断面面积、砂反滤层渗透系数和回灌池表层淤泥厚度。

1) 回灌池过水断面面积的影响

普通非完整井流理论中的垂向流的过水断面是井孔中圆形平面的整个面积,而回灌池反滤层垂向流的过水断面仅仅是圆形平面砂土中的孔隙面积,二者有很大的区别。因此,回灌池砂反滤层的过水断面影响回灌量的大小。上述实例中,在其他条件不变的情况下,若将回灌池面积扩大 1 倍,则 $H_n = 17.40\ m$,相应的单井回灌量为 342.35 m^3/d;若将回灌池面积扩大 2 倍,则 $H_n = 18.16\ m$,相应的单井回灌量为 418.22 m^3/d;如果回灌池与回灌井面积之比过大,会使回灌池内水流特性变得更为复杂,从而影响计算成果的可靠性。但是这足以说明:从减少回灌池水头损失的角度来讲,在一定范围内,回灌池断面面积越大,水头系统损失越小。

2) 砂反滤层渗透系数的影响

砂反滤层渗透系数越大,渗流量越大;反之,渗流量越小。假定将回灌池中粗砂反滤层的渗透系数提高 5 倍,即 $5.92 \times 10^{-4}\ m/s$,仍采用反滤回灌井稳定流的公式计算,得 $H_n = 19.06\ m$,单井回灌量为 508.35 m^3/d。计算结果与普通非完整井流理论计算结果的差别大大缩小,这说明砂反滤层渗透系数的大小影响单井回灌量。

3) 回灌池表层淤泥厚度的影响

回灌池表层如果存在很薄的淤泥,会大幅度降低反滤层的等效渗透系数,并影响单井回灌量。如上述实例中,若回灌池表面存在 1 mm 的淤泥,按理论公式计算反滤层的等效渗透系数,则回灌量为 148.33 m^3/d,回灌量降幅约为 23.46%。

2. 影响非完整井井损的主要因素

由前面计算可知,当 $H_n = 16.19\ m$ 时,承压含水层非完整反滤回灌井的理论回灌量为 221.70 m³/d,而实际单井回灌量为 193.8 m³/d,误差为 14.40%。造成误差的主要原因如下:

(1)井损的存在。与抽水井一样,回灌井也存在井损。影响井损的因素有滤水管、井径、回灌量等。地下水回灌时,地下水丘的壅起高度也包括两部分,即非完整反滤回灌井井流理论壅高和井损。

(2)回灌和抽水时含水层渗透系数的差异。含水层渗透系数主要来源于抽水试验成果,水来源于含水层。而回灌水来源于地表水,由于回灌水中存在气泡、淤泥颗粒等多种因素,造成一定的井流阻塞。在同样的情况下,使得回灌量低于抽水量,体现在渗透系数上,回灌时的渗透系数小于抽水时的渗透系数。

六、考虑淤积的反滤回灌井稳定流模型

由于河水中含有漂浮物、泥沙等杂质,当利用反滤回灌井进行回灌时,反滤回灌井会产生淤积堵塞的现象。本节分析了反滤回灌井淤积堵塞的机理及淤积堵塞对反滤回灌井回灌量的影响,并推导了考虑淤积的反滤回灌井的稳定流计算公式。

(一)反滤回灌井的淤积和堵塞

1.反滤回灌井井口淤积的规律

反滤回灌井通常位于河道或引水渠道中,当河水中含有漂浮物、泥沙等杂质时,回灌水就会在反滤回灌井回灌池的表层产生淤积作用。

反滤回灌井回灌池表层的淤积主要体现在反滤层的淤积,一般来说,其淤积的规律和河水中的泥沙含量、河床的比降等因素有关。此外,还与反滤回灌井在河道、渠道中的位置有关。

反滤回灌井回灌池表层通常表现出以下的淤积规律:①河水中的泥沙含量、有机质含量越高,反滤回灌井淤积堵塞得越严重。②河流上游,一般河床比降较陡,水流冲刷河床,河流上游的反滤回灌井很少存在淤积堵塞的问题,反而应考虑反滤回灌井回灌池的防冲问题。③河流中下游,一般河床比降较缓,泥沙和有机质通常在河床上产生淤积,这里的反滤回灌井容易淤积堵塞,应考虑反滤回灌井回灌池的防淤问题。④位于挡水建筑物上游的反滤回灌井,水流比较平静,反滤回灌井

的淤积堵塞最为严重。⑤从河道横断面上来讲,河床底部水流流速分布不同,河床的不同部位受到水流冲刷的强度也不一样,位于流速较大的强水流部位的反滤回灌井,淤积堵塞的程度较轻,甚至受到冲刷,而位于流速较小的弱水流部位的反滤回灌井,淤积堵塞的程度相对较重。⑥无论反滤回灌井位于何种位置,含水层的堵塞依然存在,但同无反滤层的普通回灌井相比,含水层堵塞作用是相对较弱的。

2. 反滤回灌井回灌堵塞的主要因素

反滤回灌井回灌堵塞的因素可分为两方面:一方面是回灌池内反滤层的堵塞;另一方面是含水层的堵塞,与普通回灌井不同的是,进入井内的回灌水已经过回灌池反滤层的过滤作用,只有较细的颗粒才能引起含水层的堵塞。

1) 回灌池反滤层的堵塞

当回灌水进入回灌池中,由于回灌池内水位与井内地下水位之间存在着水头差,回灌池中水逐渐下渗,并落入井中。在渗入的过程中,回灌水中带有的粗颗粒沉积在反滤层表层,同时由于水体中所含有的细颗粒、有机物与反滤层中土粒之间存在着静电吸附力的作用,回灌水中含有的部分细颗粒、有机物被吸附在反滤层空隙中,形成物理性堵塞;随着回灌时间的延长,在回灌池的表层中,也会产生细菌等微生物而形成生物堵塞。正是由于物理性堵塞和生物堵塞的逐渐积累,堵塞了反滤层一定范围内的孔隙,减小了反滤层的渗透性,降低了回灌池的渗水量,淤堵严重的可造成回灌池功能的完全丧失,因此必须进行定期的清淤和更新反滤层的工作。

2) 回灌井含水层的堵塞

当回灌水进入回灌井后,回灌水在井中由垂向流转化为水平流或三维流,并渗入到含水层中。虽然经过反滤层时回灌水中粗颗粒和部分细颗粒被过滤在反滤层中,但回灌水中仍然带有细颗粒、有机物,并挟带着气泡,注入到含水层中。随着过水断面的逐渐增大,地下水流速逐渐变小,水体所挟带的细颗粒淤积在一定的范围内。另外,由于注入水水温和地下水水温的差别,以及二者压力的差别,使得注入水中释放出可溶解性气体,并与水体中挟带的气泡以封闭气泡的形式存于含水层空隙中,形成物理性堵塞;两种水体相互作用产生的各种化合物的沉淀、离子交换作用引起的黏土分散作用和膨胀作用等因素也会形成化学堵塞;回灌井及其附近含水层产生的细菌和浮游生物等形成生物堵塞。正是由于这些堵塞因素的存在,在回灌井一定范围内的含水层中,会形成一个渗透性降低的地带,造成含水层的堵塞及回灌量的减少。

有些研究人员认为,对于普通的回灌井,物理性堵塞是人工回灌井堵塞的主要作用;堵塞发生在一定范围内,离井轴越近,堵塞程度越大,渗透系数越小,随着离井轴距离的增大,堵塞作用迅速衰减,含水层的透水性很快恢复正常。

由此可以推测,在反滤回灌井中,回灌池反滤层的物理性堵塞是反滤回灌井堵塞的主要因素,回灌井中含水层的堵塞相对较轻。

(二)考虑淤积的反滤回灌井的稳定流计算

1. 考虑淤积的反滤回灌井单井回灌量的计算方法

从前文可知:回灌池反滤层表层的物理性淤积堵塞是反滤回灌井堵塞的主要因素,因此如果在反滤回灌井回灌池砂反滤层的渗流中考虑了淤积对砂反滤层渗流的影响,就考虑了反滤回灌井淤积堵塞的主要因素。如果把有淤积的砂层看做组合土层,采用组合土样的综合渗透系数计算砂反滤层的渗流量,就相当于考虑了淤积对砂反滤层渗流的影响,就考虑了淤积对反滤回灌井稳定流的影响。按照这个思路,可以导出考虑淤积的反滤回灌井稳定流模型。

考虑淤积的反滤回灌井稳定流模型同反滤回灌井稳定流模型相似,不同之处在于:井口渗流方程中砂反滤层的厚度、渗透系数应考虑淤泥的影响,选用淤泥砂土组合土样的厚度和综合渗透系数。

2. 考虑淤积的承压含水层完整反滤回灌井的稳定流模型

考虑淤积的承压含水层完整反滤回灌井稳定流模型见式(3-29)~式(3-31)。

$$Q = K_c \pi r_f^2 \frac{H_w - H_f}{m_c} \tag{3-29}$$

$$Q = \frac{2\pi K_0 M (H_n - H_0)}{\ln \dfrac{R_0}{r_w}} \tag{3-30}$$

$$H_n = \beta_{sc} H_f \tag{3-31}$$

通过求解式(3-29)、式(3-30)、式(3-31)组成的联立方程组,可以得到考虑淤积的承压含水层完整反滤回灌井的单井回灌量及回灌井井内的有效回灌水头。在实际求解过程中,可先由式(3-32)求得水流通过砂反滤层后的水头 H_f,然后由式(3-31)求回灌井井内的有效回灌水头 H_n,最后可由式(3-29)或式(3-30)求得单井回灌量。地下水丘曲线可由式(3-33)计算。

$$H_f = \frac{H_w + \alpha_{sc} H_0}{1 + \alpha_{sc} \beta_{sc}} \tag{3-32}$$

$$H = H_n - \frac{Q \ln \dfrac{r}{r_w}}{2\pi K_0 M} \tag{3-33}$$

式中　K_c——淤泥、砂土组合土样的渗透系数,m/s,可通过水流方向垂直于层面的淤泥、砂土组合土样的渗透试验得到;

　　　m_c——淤泥、砂土组合土样的厚度,m;

　　　β_{sc}——考虑淤积的承压完整反滤回灌井综合折减系数,无量纲,β_{sc}的计算方法参见本章第四节;

　　　α_{sc}——考虑淤积的承压完整组合稳定流系数,$\alpha_{sc} = \dfrac{2 K_0 M m_c}{K_c r_f^2 \ln \dfrac{R_0}{r_w}}$,

　　　　　无量纲;

　　其他符号意义同前。

3. 考虑淤积的承压 – 潜水含水层完整反滤回灌井稳定流模型

考虑淤积的承压 – 潜水含水层完整反滤回灌井稳定流模型见式(3-34)~式(3-36)。

$$Q = K_c \pi r_f^2 \frac{H_w - H_f}{m_c} \tag{3-34}$$

$$Q = \frac{\pi K_0 (2MH_n - M^2 - H_0^2)}{\ln \dfrac{R_0}{r_w}} \tag{3-35}$$

$$H_n = \beta_{scu} H_f \tag{3-36}$$

通过求解式(3-34)、式(3-35)、式(3-36)组成的联立方程组,可得到考虑淤积的承压－潜水含水层完整反滤回灌井的单井回灌量及回灌井的有效回灌水头。在实际求解过程中,可由式(3-37)求得水流通过砂反滤层后的水头 H_f,再由式(3-36)求回灌井的井内有效回灌水头 H_n,最后可由式(3-34)或式(3-35)求得单井回灌量。

$$H_f = \frac{H_w}{1 + \alpha_{scu}\beta_{scu}} + \frac{\alpha_{scu}(M^2 + H_0^2)}{2M(1 + \alpha_{scu}\beta_{scu})} \tag{3-37}$$

式中　β_{scu}——考虑淤积的承压－潜水完整反滤回灌井综合折减系数,无量纲,β_{scu} 的计算方法参见本章第四节;

α_{scu}——考虑淤积的承压－潜水完整组合稳定流系数,$\alpha_{scu} = \dfrac{2K_0 M m_c}{K_c r_f^2 \ln \dfrac{R_0}{r_w}}$,无量纲;

其他符号意义同前。

地下水丘曲线由承压段和潜水段组成,其中承压水和潜水分界线参数 a(距井中心的距离)由式(3-38)计算,承压段地下水丘曲线由式(3-39)计算,潜水段地下水丘曲线由式(3-40)计算。

$$a = r_w e^{\frac{2\pi K_0 M (H_n - M)}{Q}} \tag{3-38}$$

$$H = H_n - \frac{Q \ln \dfrac{R}{r_w}}{2\pi K_0 M} \quad (R \leqslant a) \tag{3-39}$$

$$H = \sqrt{H_0^2 + \frac{Q \ln \dfrac{R_0}{R}}{\pi K_0}} \quad (R > a) \tag{3-40}$$

4. 考虑淤积的承压含水层非完整反滤回灌井稳定流模型

考虑淤积的承压含水层非完整反滤回灌井稳定流模型见

式(3-41)～式(3-43)。

$$Q = K_c \pi r_f^2 \frac{H_w - H_f}{m_c} \tag{3-41}$$

$$Q = \frac{2\pi K_0 M(H_n - H_0)}{\ln \dfrac{R_0}{r_w} + \dfrac{M - l}{l} \ln(1 + 0.2 \dfrac{M}{r_w})} \tag{3-42}$$

$$H_n = \beta_{spc} H_f \tag{3-43}$$

通过求解式(3-41)、式(3-42)、式(3-43)组成的联立方程组,可以得到考虑淤积的承压含水层非完整反滤回灌井回灌量及回灌井的井内有效回灌水头。实际求解中,先由式(3-44)求解水流通过砂反滤层后的水头 H_f,然后由式(3-43)求回灌井的井内有效回灌水头 H_n,最后由式(3-41)或(3-42)求得单井回灌量。

$$H_f = \frac{H_w + \alpha_{spc} H_0}{1 + \alpha_{spc} \beta_{spc}} \tag{3-44}$$

式中 β_{spc}——考虑淤积的承压非完整反滤回灌井综合折减系数,无量纲,β_{spc} 的计算方法参见本章第四节;

α_{spc}——考虑淤积的承压非完整组合稳定流系数,无量纲,且

$$\alpha_{spc} = \frac{2K_0 M m_c}{K_c r_f^2 \left[\ln \dfrac{R_0}{r_w} + \dfrac{M - l}{l} \ln(1 + 0.2 \dfrac{M}{r_w}) \right]};$$

其他符号意义同前。

七、反滤回灌井综合折减系数 β 的估算

在前面介绍的反滤回灌井稳定流模型中都含有一个反滤回灌井综合折减系数 β,如在承压含水层完整反滤回灌井稳定流模型中,称为承压完整反滤回灌井综合折减系数 β_c;在承压－潜水含水层完整反滤回灌井稳定流模型中,称为承压－潜水完整反滤回灌井综合折减系数 β_{cu};在承压含水层非完整反滤回灌井稳定流模型中,称为承压非完整反滤回灌井综合折减系数 β_{pc};在考虑淤积的承压含水层完整反滤回灌井稳定流模型中,称为考虑淤积的承压完整反滤回灌井综合折减系数

β_{sc}；在考虑淤积的承压 – 潜水含水层完整反滤回灌井稳定流模型中，称为考虑淤积的承压 – 潜水完整反滤回灌井综合折减系数 β_{scu}；在考虑淤积的承压含水层非完整反滤回灌井稳定流模型中，称为考虑淤积的承压非完整反滤回灌井综合折减系数 β_{spc}。

尽管在不同的反滤回灌井稳定流模型中，β 有不同的名称，但都有相同的含义，它表示砂反滤层后的水头 H_f 和回灌井内有效回灌水头 H_n 之间的相互关系，它实质上代表了水流通过砾石反滤层、井盖的水头损失及回灌井的井损。一般而言，β 为小于 1 的正数，β 取值是否符合实际，直接关系到回灌量计算的精度，因此反滤回灌井综合折减系数 β 是反滤回灌井稳定流模型中的重要参数。

估算反滤回灌井综合折减系数 β 的方法有两种：一种是分别计算回灌池和回灌井的水头损失，然后求和；另一种是综合考虑回灌池和回灌井的水头损失。

第一种方法称为计算法。将反滤回灌井综合折减系数 β 分成两部分：一部分为回灌池的水头损失，用 β_1 表示；另一部分为回灌井的井损，用 β_2 表示，用公式表示为 $\beta = \beta_1 + \beta_2$。影响 β_1 的因素有回灌池的面积、井口的大小、井盖的开孔面积、砾石颗粒的形状和大小、砾石层的厚度等，需要通过试验研究确定 β_1 的值。影响 β_2 的因素有滤水管、井径、回灌量等，β_2 的计算可参考相应普通抽水井中有关计算井损的方法，但是由于普通抽水井与回灌井存在一定的差异，导致回灌井的井损不同于抽水井的井损，在参照抽水井计算井损的方法求 β_2 时，应考虑回灌的特殊性，实际上，就目前缺乏经验资料的情况下，β_2 也需要通过现场试验确定。

第二种方法称为现场试验法。这种方法综合考虑砾石反滤层、井盖的水头损失及回灌井井损的大小，通过反滤回灌井的现场回灌试验，得到单井回灌量，并代入本章推导的反滤回灌井稳定流计算公式，经过试算，可以反求 β。本书第三章第四节实例分析中，利用得到的实测单井回灌量，采用试算的方法，分别估算了两个实例中 β_{pc} 和 β_{cu} 的大小。其中，承压 – 潜水完整反滤回灌井综合折减系数 β_{cu} 约为 0.853，承压非完整反滤回灌井综合折减系数 β_{pc} 约为 0.944。由于目前地下水库中所采用的反滤回灌井的结构相似,所处的地层也相似,因此本书求出的 β 具有一定的代表性。在缺少试验资料的情况下,可以参照本书的 β 经验值粗略地估计反滤回灌井的综合折减系数。

在目前缺乏经验资料的情况下,上述两种计算 β 的方法都离不开现场回灌试验,但是由于现场回灌试验耗时长、费用高,不可能做得太多,需要通过现场回灌试验不断积累 β 的经验值。因此,目前准确地确定 β 有一定的难度。

需要强调的是,影响反滤回灌井综合折减系数 β 的因素较为复杂,除回灌池的大小、反滤层的组成、井盖结构、井径、滤水管、回灌量的大小等多种因素外,回灌水中含有淤泥颗粒的不同也会影响反滤回灌井的综合折减系数 β。因此,在目前缺乏经验资料的情况下,作者建议利用第二种现场试验的方法确定反滤回灌井综合折减系数 β,对于其他类似的研究区,在没有进行现场回灌试验的情况下,可参考本书得出的反滤回灌井综合折减系数 β 的经验值。

第五节　反滤回灌渗渠的单渠回灌量计算

近年来,在我国北方地区地下水库建设过程中,与反滤回灌井同时出现的还有一种新型的重要回灌设施——反滤回灌渗渠。

反滤回灌渗渠与反滤回灌井相同的是:反滤回灌渗渠在渗渠的渠口增加了一个具有反滤功能的回灌池,它可以过滤回灌水中的泥沙、漂浮物等杂质,让不含杂质的回灌水进入渠内,回灌到含水层中。

反滤回灌渗渠与反滤回灌井不同的是:①结构不同,反滤回灌渗渠有一条渗渠和两眼位于渗渠两头的渗井组成,也可以仅有一条渗渠;②适用范围不同,反滤回灌渗渠用于表层相对不透水层(或弱透水层)较薄(一般不超过 3 m)的情况,反滤回灌渗渠的作用是揭穿表层相对不透水层(或弱透水层),渗井的作用是形成一个回灌井,增大回灌量,与渗渠一起承担回灌任务。

与反滤回灌井一样,反滤回灌渗渠自身也具有过滤回灌水杂质能力和防止回灌井堵塞的能力,并将地表水中杂质过滤和地表水回灌的功能合二为一;同样,反滤回灌渗渠也可节约大量的净水处理费用,适用于未污染或轻微污染的回灌水源。

反滤回灌渗渠的淤堵主要体现在井口反滤层的淤积和堵塞,可以利用设备清除反滤渗渠表层的淤泥,或更新反滤渗渠的反滤结构,因此反滤回灌渗渠也具有清淤简单、使用寿命较长的特点。

典型反滤回灌渗渠的结构形式如图 3-17 所示。

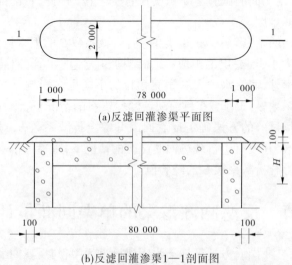

(a)反滤回灌渗渠平面图

(b)反滤回灌渗渠1—1剖面图

图 3-17　典型反滤回灌渗渠的结构形式

典型反滤回灌渗渠的结构为:渗渠沿河流垂直的方向布置在河道内,渗渠顺水流向间距 25 m;渗渠中间为宽 2 m、深 2 m、长 78 m 的长方体,两头为半径 1 m、深 4~9 m 的半圆柱体;渗渠底部回填卵石或碎块石,渗渠上部为厚 0.3 m 中粗砂。

反滤回灌渗渠设计的基本原则是:渗渠的长度由河道的宽度确定,渗渠的深度由上覆亚黏土相对不透水层的厚度确定,渗渠的宽度由入渗量的大小确定,渠内回填材料主要考虑入渗量和反滤作用。根据某地下水库反滤回灌渗渠的现场回灌试验可知,图 3-17 所示的单条反滤回灌渗渠的入渗量约为 433.7 m^3/d。

反滤回灌渗渠单渠入渗量的理论计算还缺乏专门的研究,可参考上述实例确定反滤回灌渗渠的单渠入渗量。

第四章　地下水库工程规划

第一节　工程任务和工程规模

一、工程任务和工程规模

地下水库具有综合利用的功能,可以承担城镇和工业供水、农业灌溉,以及防治海水入侵和恢复地下水生态等工程任务,还可以为地下水源热泵提供用水,并具有一定的防洪能力等。在工程任务中,应结合地下水库的具体功能,说明以下有关的内容。

(一)地区社会经济发展状况及工程建设的必要性

概述工程所在河流的规划成果及规划成果审查的主要结论;概述与工程有关地区的社会经济现状及远近期发展规划;概述工程在所在江河流域河段区域综合规划或专业规划中的地位和作用,论证兴建本工程的必要性和迫切性。

(二)综合利用工程

概述工程的综合利用任务和主次顺序,协调各部门的要求,并确定可能达到的目标;确定工程规模;确定工程的地下正常蓄水位和其他特征水位;确定地下水库的调度运用方案,包括地下水与地表水的联合运用方案。

(三)农业灌溉工程

概述灌溉工程所在地区及灌区的自然社会经济状况、农业水利现状和发展规划,提出兴建灌溉工程的必要性。

分析论证灌溉水源不同水平年的可供水量,进行灌区水土资源平衡,选择灌区开发方式,确定灌区范围,选定灌溉方式。

调查灌区土地利用现状,进行灌区土地利用规划,确定灌溉面积和农林牧业生产结构、作物组成、轮作制度、复种指数以及计划产量等。

拟定设计水平年,选定灌溉设计保证率。

分析不同水文年型的作物耗水量和灌溉需水量,拟定不同年型的灌溉制度,选择灌溉水利用系数,进行灌区供需水量平衡计算,拟定灌溉年用水总量和年内分配。

选定井灌工程整体规划和总体布置方案。

提出典型区田间灌排渠系布置规划。

(四) 城镇和工业供水工程

概述供水地区水资源(地表水、地下水)的总量和开发利用状况,确定供水地区范围、供水主要对象和对不同水平年的水量与水质的基本要求。

选定不同对象的供水保证率和相应典型年的供水量,选定供水工程的总体规划,包括水源工程和输水系统的布置等。

选定地下水库的调蓄库容、相应水位及输水、扬水工程的规模和主要参数。

提出水源保护调度运用的要求。

(五) 防治海水入侵、恢复地下水生态工程

概述工程所在地海水入侵状况和地下水生态现状,说明防治海水入侵、恢复地下水生态对地下水库的要求。

(六) 地下水源热泵用水

简述当地政府对应用地下水源热泵技术的政策,以及地下水源热泵技术应用的潜力。说明夏季地下水源热泵制冷用水和冬季地下水源热泵供热用水对水温、水质、水量、保证率等的要求,以及对地下水库的要求,确定水量分配,选定地下水源热泵机组、供水井群、回灌井群和供水回灌系统。

(七) 防洪工程

地下水库具有一定的防洪能力,但是由于目前在调控地下水库库容腾空能力方面还存在一定的困难,因此地下水库的防洪功能只能作为一项储备,还不能作为一种专项任务。

二、影响工程规模的主要因素

影响地下水库工程规模的主要因素有地下储水空间的大小、回灌水源、城镇需水量、农业灌溉用水量、地下水源热泵用水量等,对于兼有防治海水侵染和恢复地下水生态功能的地下水库,还需考虑防治海水侵染和恢复地下水生态功能的要求。

地下储水空间的大小决定着地下水库能够提供的最大有效库容,是决定地下水库工程规模的重要因素。

回灌水源决定着地下水库能够提供水量的多少,是制约地下水库工程规模的重要因素。

农业灌溉用水量与当地灌排渠系的条件、作物种植比例、灌溉制度和设计灌溉保证率有关,农业灌溉用水量的预测请参考相关资料。

城镇需水量是城镇用水量的总和,主要包括生活用水、工业用水、环境用水、其他用水等。城镇需水量预测与规划水平年的选取、经济社会发展规划、水资源开发利用政策、科技发展水平等因素密切相关,城镇需水量的预测方法有定额法、趋势法、弹性系数法、模型法等,各种预测方法请参考相关资料。

第二节　地下水库调节计算

地下水库调节计算主要指地下水量的调节计算。地下水量的调节计算方法包括静态计算法、动态计算法和动态优化计算法。地下水量的计算主要包括地下水补给量、排泄量的计算,其计算方法主要借鉴水文地质或地下水水文学的计算方法。

一、地下水补给量

对于补给地下水的水源为库区内的地表径流或洪水的地下水库,在计算地下水补给量时,应首先计算地表来水量,地表来水量的计算主要指地表径流和洪水的计算,以及地下水库拦蓄建筑物的蓄水量等。地表水量的计算方法可参照有关工程水文学的计算方法。

　　地下水补给量包括天然补给量和人工回灌补给量。地下水天然补给量主要包括降水入渗补给量、河川径流渗漏补给量、地下径流补给量。地下水人工回灌补给量包括灌溉渗漏补给量、各种人工回灌井、人工回灌条渠的回灌量和引水回灌区的渗漏量。人工回灌井和人工回灌条渠补给量的计算方法参见第三章地下水库人工回灌量的计算理论。以下主要介绍地下水库天然补给量和灌溉渗漏补给量的计算方法。

（一）降水入渗补给量

　　降水从地表进入土壤中，再经过土壤渗入含水层、融入地下水的过程称为降水入渗补给。在降水入渗补给过程中，降水首先从地面渗入土壤非饱和带，非饱和带的土壤饱和后，又继续下渗，越过饱和带，进入潜水含水层，融入地下水。降水入渗补给地下水的水量称为降水入渗补给量。降水入渗补给是地下水天然补给的主要来源。降水入渗补给量主要受降水量的大小和地层水文地质条件的影响。

　　降水入渗补给量一般依据降水量按月计算。月降水入渗补给量等于月平均降水量乘以降水入渗系数，然后乘以接受降水补给的地下水库库区面积，其中降水入渗系数与库区地表岩性、地形、植被情况以及降水强度和历时等因素有关。根据库区的地层情况，降水入渗补给量采用分区计算的方法，降水入渗补给量的估算公式详见式(4-1)。

$$W_水 = P \sum F_i a_i \qquad (4-1)$$

式中　　$W_水$——降水入渗补给量，m^3；

　　　　P——降水量，m；

　　　　F_i——第 i 分区的面积，m^2；

　　　　a_i——F_i 分区面积内的降水入渗系数。

（二）河川径流渗漏补给量

　　河川径流渗漏补给量是指流经库区的河水通过渗漏补给给地下水的水量。河川径流入渗补给量除与河道地层的水文地质参数有关外，还与河水水位、河水持续时间和地下水位等因素有关。

　　河川径流渗漏补给量一般依据河水来水量按月计算。对于北方季节性河流，枯水时期基本无地表径流，而到了汛期，径流相对较大，水位陡涨陡落，变化复杂，一般采用非稳定流公式，依据河流所在地区的给水

度和压力传导系数计算河川径流渗漏补给量,其计算公式详见式(4-2),
当河岸两侧水文地质条件相同时,河川径流渗漏补给量取式(4-2)计算
量的 2 倍。

$$W_河 = 1.128 \mu h l \sqrt{\alpha t} \tag{4-2}$$

式中　$W_河$——河流单侧的河川径流入渗补给量,m^3;

　　　μ——给水度,无量纲;

　　　h——t 时段内,河流水位上涨高出地下水位数,m;

　　　α——压力传导系数,m^2/d;

　　　t——水位起涨维持时间,d;

　　　l——河道长度,m。

对于北方具有长期河流实测流量资料的河流,也可根据水文站长
期河流实测流量资料计算河川径流渗漏补给量。根据河流上、下游水
文断面实测流量资料,由式(4-3)计算河川径流渗漏补给量。在按
式(4-3)计算河川径流渗漏补给量时,还应扣除库区上、下游边界内河
流段的蒸发损失量和人工取水量。

$$Q_河 = (Q_上 - Q_下)(1 - \lambda)\frac{L}{L'} \tag{4-3}$$

式中　$Q_上$、$Q_下$——河渠库区上、下游边界水文断面实测流量,m^3/s;

　　　L'——两侧断面间的河流长度,m;

　　　L——计算河流(段)长度,m;

　　　λ——修正系数,一般取 $0 \sim 0.2$。

(三)地下径流补给量

地下径流补给量是指地下水在天然条件下从水头高的地方向水头
低的地方自由流动产生的补给量。影响地下水径流补给量的因素有地
下水过水断面面积、补给边界含水层渗透系数、含水层有效厚度。地下
水径流补给量的计算公式详见式(4-4)。

$$Q_{径流} = KIBM \tag{4-4}$$

式中　$Q_{径流}$——邻区地下水(侧向)径流补给量,m^3/d;

　　　K——补给边界含水层渗透系数,可根据补给边界含水层岩性、
　　　　　透水性,结合勘探资料及收集资料综合确定,m/d;

I——自然状态下地下水水力坡度,可由地下水等水压线图上量得;

B——计算断面宽度,垂直地下水流向所截断面长度,m;

M——含水层有效厚度,m。

(四)灌溉渗漏补给量

灌溉渗漏补给量是指灌溉农田后,灌溉水入渗后对地下水的补给量。确定灌溉渗漏补给量的常用方法是利用试验田块,观察测量由于灌溉水入渗引起地下水位上升幅度的大小,从而推导求出灌溉水对地下水入渗的补给量。

地下水库建成后,为农用地提供灌溉水源。灌溉渗漏补给量分为渠系渗漏补给量和田间回归补给量,其中渠系渗漏补给量的计算公式见式(4-5),田间回归补给量的计算公式见式(4-6)。

$$W_{渠} = Wr(1 - n) \tag{4-5}$$

$$W_{田} = W\beta \tag{4-6}$$

式中　$W_{渠}$——渠系渗漏量,m^3;

W——灌溉用水量,m^3;

r——修正系数;

n——渠系利用系数;

$W_{田}$——田间回归补给量,m^3;

β——灌溉补给回归系数。

二、地下水排泄量

地下水排泄量包括地下水开采量、潜水蒸发量、河沟排泄量、侧向流出量与越流排泄量等。

(一)地下水开采量

1.地下水开采量的类型

地下水开采量是地下水的主要排泄量。地下水开采量包括工业、农业和生活用地下水开采量,一般可通过调查资料取得。

在以往地下水实际开采量中,工业、农业用水量占据主要部分,但是随着经济的发展,城镇居民对饮用水的需求正在不断增长,使得城镇用水中生活用水的比例向逐步增大的趋势发展。

2. 地下水开采量调查的基本原则和基本要求

地下水开采量调查的基本原则[21]是：

(1)真实原则，地下水开采调查方法要力求反映开发利用实际情况；

(2)简便原则，用比较小的工作量，调查核实地下水开采量，要力求简单；

(3)全面原则，地下水开采量调查要力求覆盖整个调查范围；

(4)代表性原则，选择的井要力求具有代表性，在试验和统计分析的基础上，建立一种切合实际的计算模式。

地下水开采量调查的基本要求[21]是：

(1)地下水开采量的统计仅限于井孔抽取的地下水量，不包括地下水重复利用量；

(2)一般情况下，按丰水年、平水年、枯水年分别调查地下水开采量，但一般往往只能调查开展工作当年的开采量，对于这种情况，可以考虑将当年的开采量与丰水年、平水年、枯水年的开采量资料结合起来分析应用；

(3)对于开采井数量巨大、不可能逐井调查的地区，对收集的资料要查清资料中开采量的调查方法和数据获得的方法，然后选择典型井进行校核，以最大限度地、客观地反映地下水开采情况。

3. 地下水开采量调查的内容与方法

地下水开采量调查的内容[21]主要包括地下水开采量的分类统计、地下水开采的区域分布、开采井基本状况及其地下水开采历史沿革、农灌状况调查、城镇抽水井分布和井间干扰情况调查、水源地开采情况调查和地下水水质变化调查等。

地下水开采量调查方法[21]如下：

(1)对开采井数量较少的地区，可采用逐一调查方法，并利用孔口流量计或田间三角堰测定实际出水量。

(2)对于集中供水的城市和工矿企业，开采量调查比较简单，以总计量数为准，资料可信度较高，收集来的资料基本不用修正，可直接作为城市地下水开采量,但要注意个别企业自备井的开采量需要进行校验。

(3)对于开采井数量巨大的农村地区,尤其在华北农村以开采地下水灌溉为主,逐一调查不太现实,生活用水开采量和灌溉水量可采取收集资料和抽样调查校核相结合的方法。

(4)目前农田灌溉地下水开采量的统计方法主要有:①灌溉定额法,即单井开采量=灌溉定额×保浇面积;②额定出水量法,即单井开采量=额定出水量×开采时间;③电度法,即单井开采量=单井年用电量/电机功率×额定出水量;④实际出水量法,即单井开采量=开采时间×实际单位小时出水量。

在不可能对机井逐一调查的情况下,采用上述方法是完全可以的,但必须对统计资料进行抽样核查和校正。

4.地下水开采量计算

在确定工业、农业地下水实际开采量时,应首先调查工业、农业的发展规模,上下游灌区适宜灌溉的面积,切实了解工业及农业用水量。

1)工业用水量

工业用水量按用水量计,不包括企业内部的重复利用水量。一般将工业划分为火电工业和一般工业进行用水量统计,并将城镇工业用水单列。

2)农业用水量

农业用水量包括农田灌溉和林牧渔用水。农田灌溉考虑灌溉定额的差别,按水田、水浇地(旱田)和菜田分别统计;林牧渔用水按林果灌溉(含果树、苗圃、经济林等)、草场灌溉(含人工草场和饲料基地)和鱼塘补水分别统计。

3)生活用水量

生活用水量按城镇生活用水和农村生活用水分别统计,与城镇人口和农村人口相对应。城镇生活用水由居民用水、公共用水(含服务业、商饮业、货运邮电业及建筑业等用水)和环境用水(含绿化用水与河湖补水)组成。农村生活用水除居民生活用水外,还包括牲畜用水。

在确定农村生活用水量时,可以按式(4-7)计算。

$$Q_{农开} = CRI_{农开}T \tag{4-7}$$

式中 $Q_{农开}$——农村使用井水的地下水量；

C——农村使用井水的人口百分数；

R——农村人口总数；

$I_{农开}$——农村人均用水定额；

T——用水时间。

(二)潜水蒸发量

潜水蒸发量主要指表层地下水的蒸发量。可根据地下水动态资料或地中蒸渗仪资料分析计算，常用计算和测定潜水蒸发量的方法主要有三类，即数学物理方程法、实测法和经验公式法。

1.数学物理方程法

应用包气带水分运动理论，建立数学物理方程，用解析法或数值法求解。由于影响潜水蒸发的因素比较复杂，求解数学物理方程比较困难，该法尚未广泛应用。

2.实测法

常用地中蒸渗仪或称重式蒸渗仪直接测定潜水蒸发量。测量时，一般采用若干个控制不同地下水埋深的测筒，测筒内装各种原状土，筒内种有植物或不种植物，分别测定不同地下水埋深、不同土壤和不同植物的潜水蒸发量。

3.经验公式法

最常用的经验公式法是：根据实测资料，建立潜水蒸发率和潜水蒸发率影响因素(如水面蒸发率、地下水埋藏深度、岩土性质)之间的关系式，进而求解潜水蒸发量。

利用潜水蒸发系数法计算潜水蒸发量的公式详见式(4-8)。

$$E = CE_0 \tag{4-8}$$

式中 E——潜水蒸发量，mm；

C——潜水蒸发系数，可根据阿维里扬诺夫公式计算，由式(4-9)计算；

E_0——水面蒸发量，mm，$E_0(E_{601}) = KE_{20}$，K 为折算系数，一般取0.63~0.70。

$$C = \left(1 - \frac{\Delta}{\Delta_0}\right)^n \tag{4-9}$$

式中　n——指数,多数情况下,可取 $n = 1$;

　　　Δ——计算时段内的平均地下水埋深,m;

　　　Δ_0——潜水蒸发的临界埋深,m。

(三)河沟排泄量

当地下水位较高而河流或沟谷下切较深时,地下水从河流或沟谷两侧渗出,并沿河流或沟谷流出库区。河沟排泄量的计算方法与河渠补给量的计算方法基本相同,也可采用相应的地下水动力学方法进行求解。

(四)侧向流出量

以地下径流的形式流出地下水库库区的水量称为侧向流出量。常采用剖面法利用达西定律计算,一般沿山区和平原区界线切割剖面,剖面法计算公式见式(4-10)。

$$W_{侧流} = KIHLT \tag{4-10}$$

式中　$W_{侧流}$——地下水侧向流出量,m^3;

　　　K——含水层的渗漏系数,m/d;

　　　I——地下水流水力梯度;

　　　H——含水层厚度,m;

　　　L——计算河段长度,m;

　　　T——历时,d。

(五)越流排泄量

越流排泄量指当浅层地下水位高于深层地下水测压水头时,浅层地下水将通过弱透水层向深层地下水排泄的水量。越流排泄量计算公式见式(4-11)。

$$W_{越排} = \Delta H F T K'/m' \tag{4-11}$$

式中　$W_{越排}$——越流排泄量,m^3;

　　　ΔH——浅、深层地下水水头差值,m;

　　　K'——弱透水层渗透系数,m/d;

　　　m'——弱透水层厚度,m;

T——计算时段,d;

F——计算面积,m^2。

三、地下水库调节计算方法

对于地表水库而言,描述不同河流运动的基本理论没有太大差别,不同地表水库的调节计算方法也基本相同。但是,地下水库不同于地表水库,地下水库储水介质不同,其地下水流的特性也不同,描述地下水流运动的理论也不同,当然设计地下水库的理论和方法也不同,地下水库调节计算方法也有所差别。如地下河和管道岩溶介质地下水库,其地下水库调节计算方法与地表水库相似;而松散介质地下水库和裂隙介质地下水库调节计算方法则明显不同于地表水库。下面以我国北方典型的松散介质地下水库为例,说明松散介质地下水库的调节计算方法,该法也可适用于裂隙介质地下水库调节计算。

我国北方松散介质地下水库具有以下特点:

(1)对于以季节性河流作为回灌水源的地下水库,主要依靠汛期洪水补给地下水,由于汛期洪水持续时间短,需要地下水库具有较强的回灌能力。

(2)对于回灌水源水质较好的地下水库,可以将河水直接回补地下水。

(3)对于回灌水源水质不好的松散介质地下水库,需要采用水质净化处理措施,待水质达标后再回补地下水。

对于松散介质地下水库,常用的地下水库调节计算方法有静态调节计算法、动态调节计算法和动态优化调节计算法,与此相应的地下水库设计方法有静态设计法、动态设计法和动态优化设计法。

地下水库静态设计法指采用与地面水库相似的设计方法,把库区内地下水位作为一个水平面,以库区内降落漏斗(或地下水丘)以外的地下水位的平均值作为代表性的地下水位,利用水均衡法进行地下水库的调蓄分析和计算,从而确定地下水库的特征水位和特征库容,确定回灌设施的位置、数量和回灌能力,确定开采设施的位置、数量和开采能力,进行地下水库建筑物设计,并通过不同方案的对比来获得最佳的回灌和开采工程设计方案。与地下水库静态设计法相对应的调节计算法称为地下水库静态调节计算法。

地下水库的动态设计法是将地下水动态分析和静态设计法相结合的一种方法。它的基本思想是:首先利用水均衡法进行地下水量的静态调蓄分析,初步估算回灌补给量,初步确定地下水库的特征指标和规模;在考虑地下水位时空分布的基础上,利用地下水动力学的原理进行地下水量的动态调蓄分析,以库区内降落漏斗(或地下水丘)以外的地下水位的平均值作为代表性的地下水位,并考虑库区最低地下水位对地下水量调蓄的影响,从而最终确定地下水库的特征水位和特征库容,分析、调整回灌和开采工程的布局,确定回灌补给量和开采能力,通过不同方案的对比分析以获得最佳的回灌和开采工程设计方案,并进行地下水库建筑物设计。与地下水库动态设计法相对应的调节计算法称为地下水库动态调节计算法。

地下水库动态优化设计法是将地下水库动态设计法和优化理论相结合的一种方法。它的基本方法是:在地下水库动态设计法的基础上,利用优化设计的原理建立优化模型,将地下水数值模型作为约束条件嵌入到优化模型中,并求解优化模型,从而确定开采设施和回灌设施的最佳位置、最佳数量、最优开采能力和最优回灌能力,以达到最佳的工程设计效果。与地下水库动态优化设计法相对应的调节计算法称为地下水库动态优化调节计算法。

地下水库静态设计法的优点是简单、容易掌握。地下水库静态设计法的缺点是无法反映开采过程中实际的地下水位,无法反映回灌方案(回灌量相同,而回灌工程的布局不同)对地下水调蓄的影响,也不能反映边界补给随开采量变化的规律等。

地下水库的动态设计法和地下水库动态优化设计法则相对复杂,不易求解。但是这两种方法能够反映开采过程中实际的地下水位,能够反映回灌方案(回灌量相同,而回灌工程的布局不同)对地下水调蓄的影响。对于地下水库动态优化设计法,能够确定最佳的开采和回灌位置、最佳的开采和回灌数量,以及最优的开采能力和最优的回灌能力。

四、地下水库的特征水位和特征库容

(一)地下水库的特征水位

地下水库的特征水位是指地下水库为完成不同任务在不同时期和不同水文情况下,需控制达到或允许回落的各种特征库水位。

地下水库不同于地表水库。对于松散介质地下水库而言,地下水库能够在汛期将部分洪水回灌至含水层,相对减轻部分地表防洪体系的防洪压力,具有一定的防洪能力。但地下水库地下水位的升降主要通过回灌建筑物和开采建筑物来实现,没有类似于地表水库的溢洪道,地下水库很难像地表水库那样能够在短期内将水库库容腾空,因而地下水库的防洪作用只能作为一种附加功能或安全储备,而没有专门的防洪库容。由此可知,地下水库不像地表水库那样具有防洪限制水位、防洪高水位、设计洪水位、校核洪水位等特征水位。通常,地下水库仅有地下正常蓄水位、地下校核水位、地下死水位等特征水位。

由于松散介质地下水库含水层分布的不均匀性、多层性和复杂性,其地下水库的水面与地表水库的水面不同,通常不是一个水平面,而是一个空间曲面。有时可在一个较大范围内将地下水面近似地看做一个平面,取地下水位的平均值作为库水位。

1.地下正常蓄水位

地下水库在正常运用情况下,为满足兴利要求在开始供水时应蓄到的地下水位称为地下正常蓄水位,地下正常蓄水位也称为地下兴利水位或地下设计蓄水位。地下正常蓄水位决定水库兴利调蓄的规模、效益,决定回灌工程和开采工程的规模,是地下水库设计的主要指标。

确定地下正常蓄水位的主要因素有:国民经济对水库供水的需求、工程投资、工程效益、水库的水文地质条件、土地的次生盐渍化状况、库区蓄水后对当地生态和环境条件的影响,以及地下水位过高引起的潜水过度蒸发问题等。

2.地下校核水位

地下水库在校核运用情况下,允许到达的最高地下水位称为地下校核水位。地下校核水位决定着地下水库地下坝坝顶高程,是地下水库设计的重要指标。

　　确定地下校核水位,主要考虑以下几个问题:考虑库区地形地貌的不同,将水库地下校核水位控制在当地土壤的毛细水上升高度以下;考虑土地的次生盐渍化状况、库区蓄水后对当地生态和环境条件的影响,以及地下水位过高引起的潜水过度蒸发问题等。

　　考虑到地下水流的特点、地下水面与地表水面的区别,以及库区内地形地貌的差别,对于库区不同的位置,可以采用不同的地下校核水位,即地下校核水面可以不是一个水平面,而是一个倾斜面,相应库区边界的地下坝坝顶高程也可不同。

　　3.地下死水位

　　地下水库在正常运用情况下,允许回落的最低水位称为地下死水位,又称为地下设计低水位。年调节的地下水库一般在设计枯水年供水期末才回落到地下死水位,多年调节的地下水库一般在多年的枯水段末才回落到地下死水位。

　　地下死水位的确定需要考虑库区主要含水层的高程、合理开采地下水的经济降深以及地下水位过低引起生态环境问题的严重程度等因素。

　　(二)地下水库的特征库容

　　地下水库的特征库容是指相应于地下水库特征水位的水库容积,或两种特征水位之间的水库容积。地下水库的特征库容主要有地下兴利库容、地下校核库容和地下死库容。由于松散介质地下水库的水面是一个变化的空间曲面,因此地下水库的库容实际上是指不同空间曲面之间的空间体积。通常是将两个特征地下水位(假定为平面)之间的库容作为地下水库的特征库容。

　　1.地下兴利库容

　　地下兴利库容即地下调节库容,是地下正常蓄水位与地下死水位之间的地下水库容积,主要作用是调节地下径流,按兴利的要求提供供水量。

　　2.地下校核库容

　　地下校核库容是指地下校核水位与地下死水位之间的地下水库的

容积。

3. 地下死库容

地下死库容是指地下死水位以下的地下水库的容积。在正常运用中,不用于地下径流调节。与地表水库不同,对于由深厚含水层构成的地下水库,其地下死库容有可能大于地下兴利库容或地下校核库容。

4. 地下总库容

地下总库容是指地下校核水位以下的地下水库的有效容积。

五、地下水库库容的计算

松散介质地下水库的库容就是由含水层孔隙构成的储水空间。影响地下水库库容的主要因素有土的颗粒组成、初始干重度、砂层的埋深、地下水位升降幅度和升降次数等。

一般通过含水层的给水度来计算松散介质的地下水库库容。根据是否考虑地下水位升降幅度对地下水库库容的影响,松散介质地下水库库容的计算方法分为两类:一类是不考虑地下水位升降幅度对地下水库库容的影响,另一类是考虑地下水位升降幅度对地下水库库容的影响。

(一)不考虑地下水位升降的影响

当不考虑地下水位升降幅度对地下水库库容的影响时,松散介质地下水库的库容通常有两种计算方法,即分区计算法和等高程分区分层计算法。

第一种方法采用分区计算法。分区计算法相对简单,只考虑水文地质分区的方法,不考虑各区沿高程分布的差别,按水文地质参数分别求出各区的库容,然后求和。分区计算法详见式(4-12)[22,23]。

$$V = \sum_{i=1}^{n} (\mu_i h_i A_i) \tag{4-12}$$

式中　　V——地下水库总库容,m^3;

　　　　n——地下水库水文地质分区的个数;

　　　　A_i——地下水库第 i 个水文地质分区的面积,m^2;

　　　　h_i——地下水库第 i 个水文地质分区的厚度,m;

μ_i——地下水库第 i 个水文地质分区含水层的给水度。

第二种方法采用等高程分区分层计算法,先从库区平面上进行水文地质分区,然后考虑不同高程含水层面积的差异分别进行计算。一般而言,等高程分区分层计算法精度相对较高,可以满足生产需要,故应推广使用。等高程分区分层计算法的公式见式(4-13)[24]。

$$V = \sum_{i=1}^{n} \sum_{j=1}^{m} (\mu_{ij} h_{ij} A_i) \qquad (4-13)$$

式中　m——地下水库库区沿高程分层的个数;

　　　h_{ij}——地下水库第 i 个水文地质分区第 j 层的厚度,m;

　　　μ_{ij}——地下水库第 i 个水文地质分区第 j 层含水层的给水度。

(二)考虑地下水位升降影响的方法

当地下水位升降幅度相对较大时,地下水位变动区土层的有效重量发生变化,并引起下部砂土含水层所受的竖向荷载发生变化,导致砂土含水层被压缩或回弹,砂土孔隙比减小或增大,最终产生不可恢复的塑性变形,导致地下水库库容的减小。

在地下水库的调蓄分析中,应当考虑地下水位反复升降对地下水库库容减小的影响。为简化计算,可以采用修正系数的方法,从地下水库库容中扣除地下水位反复升降引起的地下水库库容的最大减小量。具体方法如下:

(1)首先进行饱和砂土一维等幅循环压缩试验,模拟地下水库的实际运行条件,求出极限孔隙率降低率 R_{nu}[25],并选择不同围压下最大的 R_{nu} 作为计算值。

(2)利用 R_{nu} 求出地下水库库容的修正系数,其值为 $1 - R_{nu}$。

(3)求出修正后地下水库库容 V_{mod},见式(4-14)。

$$V_{mod} = (1 - R_{nu}) V \qquad (4-14)$$

式中　V——不考虑地下水位反复升降对地下水库库容影响时的地下水库库容,万 m³;

　　　V_{mod}——考虑地下水位反复升降对地下水库库容影响时的地下水库库容,万 m³。

(4)利用修正后的地下水库库容进行地下水库的调蓄分析。

第三节 工程总体设计

一、工程等别和建筑物级别

(一)工程等别

地下水库的工程等别应根据工程规模、效益及工程在国民经济中的重要性按表4-1确定。

表4-1 地下水库工程等别

工程等别	工程规模	地下水库有效库容 (亿 m^3)	灌溉面积 (万亩)	供水对象 重要性
I	大(1)型	≥10	≥150	特别重要
II	大(2)型	10~1.0	150~50	重要
III	中型	1.0~0.10	50~5	中等
IV	小(1)型	0.10~0.01	5~0.5	一般
V	小(2)型	0.01~0.001	<0.5	

注:地下水库有效库容指某高程(埋深)以上、参与地下水库水量调节的那部分地下库容。

(二)建筑物级别

地下水库永久性水工建筑物的级别应根据其所在工程的等别和建筑物的重要性按表4-2确定。但是对于河道中用于回灌或拦蓄河水的河道拦蓄建筑物,其建筑物的级别除按表4-2确定建筑物等级外,还应考虑拦河水闸在河流中的重要性,按照《水电水利工程等级划分及洪水标准》(SL 252—2000)的规定确定其建筑物等级,并选择等级较高的级别作为河道拦蓄建筑物的建筑物级别。

表4-2 地下水库永久性水工建筑物级别

工程等别	主要建筑物	次要建筑物
I	1	3
II	2	3

续表 4-2

工程等别	主要建筑物	次要建筑物
Ⅲ	3	4
Ⅳ	4	5
Ⅴ	5	5

地下水库临时性水工建筑物的级别应根据保护对象的重要性、失事后果、使用年限和临时性建筑物的规模,参照《水电水利工程等级划分及洪水标准》(SL 252—2000)的有关规定,按表 4-3 确定。在按表 4-3 确定临时性水工建筑物的级别时,当临时性水工建筑物分属不同级别时,其级别应按其中最高级别确定。

表 4-3　地下水库临时性水工建筑物级别

级别	保护对象	失事后果	使用年限(年)	临时性水工建筑物规模 高度(m)	库容(亿 m³)
4	1、2 级永久性水工建筑物	淹没一般城镇、工矿企业或影响工程总工期及第一台(批)机组发电而造成较大经济损失	3 ~ 1.5	50 ~ 15	1.0 ~ 0.1
5	3、4 级永久性水工建筑物	淹没基坑,但对总工期及第一台(批)机组发电影响不大,经济损失较小	< 1.5	< 15	< 0.1

二、库址选择

(一)库址选择的基本条件

选择地下水库库址需考虑四个基本条件:一是储水条件,即地下水库必须具有适宜的天然地下储水空间。二是补水条件,即地下水库必须具有充足的可引用的清洁水源。三是环境生态条件,即地下水库库区及其周围地表污染、地表水回灌等环境因素不能影响地下水的水质,建库后地下水库运行过程中地下水位的变化不能带来不利的环境问题,也不能给植物、生物的生存带来不良生态问题。四是可持续条件,建设地下水库应该能够重复利用,满足可持续发展的要求。

1. 储水条件

为了保证地下水库能够起到储存和调蓄水资源的作用,地下水库的天然储水空间应满足库容条件、水量交换条件、可利用条件和封闭性条件等四个基本条件。

库容条件指地下水库的天然储水空间应具有足够的连通性,并能提供足够的库容。水量交换条件指地下水库的天然储水空间必须满足地表水和地下水快速进行水量交换的条件,即需要天然储水空间本身具有或通过工程措施能够达到足够的透水性。可利用条件指地下水库天然储水空间的埋深适宜。封闭性条件指地下水库的天然储水空间的底部存在相对不透水层,库区四周边界相对封闭或通过工程措施使之相对封闭,避免过量的库区渗漏。

2. 补水条件

地下水库将水存于地下储水空间。一般而言,仅依赖天然的地表补给和天然的地下水径流补给,难以满足地下水库水量调蓄的需要,必须通过人工补给,将地表水回灌到含水层,才能满足地下水库水量调蓄的要求。这就要求地下水库库区或库区周围有适宜的补给水源,或具有调水补给的条件。地下水库的补水条件应满足"清洁"和"足量"两个条件。

"清洁"是指补给水的水质应符合一定要求。在没有制定地下水补给的水质标准前,补给水水质可以按以下两个条件确定:一是补给水在补给地下水库的过程中,不能引起包气带和含水层的污染;二是补给水水质不能降低当地地下水水质的等级,这要求补给水水质的等级等同于或优于地下水水质,或补给水水质的等级略低于地下水水质但没有超出含水层自然净化的能力,不致引起含水层的堵塞。

"足量"是指补给水量应具有与地下水库规模相适应的充足的补

给水量。

3. 环境生态条件

环境生态条件是指在地下水库库区及其库区周围没有污染或轻微污染,以保证地下水库库水的水质。当库区及库区周围存在污染源时,必须使产生污染源的企业达标排放,若排放中水的水质低于回灌标准,应将排放的中水通过不渗漏的排水管或排水沟引至地下水下游方向的库区外排放,以确保排放中水不渗入地下水库库容内,避免污染地下水或降低地下水的水质等级。地下水库的地下水位变化不会带来不利的环境问题,不会对植物、生物的生存带来不良的生态问题。

4. 可持续条件

地下水库的可持续条件主要包括两方面的内容:一是建设地下水库不能丧失天然含水层的储水和输水特性,这要求在进行地下水回灌时,回灌水应满足一定的标准,防止含水层堵塞;二是说回灌水对地下水的污染不能超越含水层自身净化能力的极限。

(二)库址选择

根据库址选择的基本条件,初拟几个符合要求的地下水库库址,规划布局主要的地下水库建筑物,进行各方案的经济技术比较、方案论证和优化设计,必要时结合科研试验成果,在充分满足当地需求的条件下,择优推荐地下水库库址。

三、工程总体布置

确定地下水库库址后,需要进行地下水库总体方案布置。总体方案布置的主要内容包括:选择地下坝坝型,布置坝轴线,形成相对封闭的地下水库储水空间;确定回灌方式和规划回灌工程;选择开采方式和布置开采工程;进行排污工程规划等,并结合地形、地质、施工条件和投资、运行条件等,进行技术、经济方案论证和优化设计,最后确定工程总体布置方案。

(一)地下坝坝型选择和坝轴线布置

地下坝的主要作用是形成相对封闭的地下水库储水空间。通俗地讲,地下坝就是要截断地下潜流(铅直方向)、形成相对封闭储水空间的地下截渗工程。

1. 地下坝坝型的选择

地下坝坝型即地下防渗墙的类型,主要指地下坝在施工方法和坝体材料方面的差异。地下坝坝型的选择应结合地层的特性、施工条件和工程投资情况,确定适宜的地下防渗墙。

地下防渗墙的种类很多,一般而言,从防渗的可靠性和防渗墙的经济性出发,地下水库中的地下坝坝型应优先考虑振动沉模防渗墙、开槽型混凝土(塑性混凝土)防渗墙、高压灌浆防渗板墙、深层搅拌防渗墙等。

2. 坝轴线的选择

在布置地下坝坝轴线时,应根据库区四周的地层分布情况、边界条件和地下水的流向,依据轴线最短、覆盖层最浅、合理避开村庄等地面障碍物的原则布置地下坝坝轴线。此外,为形成相对封闭的地下水库储水结构,在选择地下坝轴线位置时还应注意以下几点:

(1)在地下水上游来水边界应保留进水通道,以增加水库天然来水;

(2)对于天然的隔水边界,如不透水边界、地下水分水岭等,可不设地下坝;

(3)对于非隔水的边界应设置地下坝截断渗水通道。

(二)回灌方式和回灌工程布置

应结合回灌水源和库区含水层的情况,选择适宜的地下水回灌方式,合理规划布局地下水回灌工程。

1. 影响回灌工程布置的主要因素和基本原则

影响回灌工程布置的主要因素有:①库区的地层结构;②库区含水层的分布情况;③回灌水源的情况;④现有河流和渠系的情况。

回灌工程布置的基本原则如下:

(1)回灌工程应布置在库区的深、厚含水层上;

(2)一般应沿河流走向或沿专门回灌渠水流的走向布置回灌工程;

(3)一般应将回灌工程布置在地下潜流的中、上游位置;

(4)应考虑均衡布置。

2. 回灌方式

地下水库可采用的回灌方式主要有：

（1）在现有的河流上建闸、坝，以抬高和滞蓄河水，在河床上或沿河流两岸兴建回灌设施，河水沿河床或河流两岸直接或通过回灌设施渗入含水层。这种回灌形式包括四种类型：①在透水性较好的河床上，无须修建任何回灌设施，即可实现入渗回灌。②在具有二元结构的河床上，当表层弱透水性厚度较薄时，修建能够穿透弱透水层的反滤回灌渗渠，使河水通过反滤回灌渗渠渗入到含水层中。③在具有二元结构的河床上，当表层弱透水性厚度较厚时，修建能够穿透弱透水层的反滤回灌井，使河水通过反滤回灌井渗入到含水层中。④在具有二元结构的河床上，当表层弱透水性厚度变化较大时，可采用反滤回灌渗渠和反滤回灌井相结合的形式，使河水通过反滤回灌渗渠和反滤回灌井渗入到含水层中。

（2）利用废弃的砂石坑、古河道引水回灌。

（3）利用大口井或深井引水回灌。

（4）利用库区内渗漏严重的断层、裂隙、砂层等强透水带引水回灌。

（5）利用坑塘洼地，蓄水或引水回灌。

3. 回灌工程的类型

依据回灌水水质的不同，回灌工程可分为两类，即无净化设施的回灌工程和有净化设施的回灌工程。

1）无净化设施回灌工程的布置

当河流上游及库区范围内没有污染物进入河流，或仅有轻微污染而不超过含水层自然净化能力的水进入河流时，不需要设置专门的净水设施，可将河水通过反滤回灌设备直接回灌到含水层。这种回灌方式有沿河布置和明渠引水回灌布置两种，也可采用由两种方式组成的综合方式。

（1）沿河布置的回灌工程。

当库区内分布有季节性的河流时，可沿河流在河道内直接布置具有过滤功能的回灌设施，不需专门的引水渠道，在汛期，河水或洪水可通过回灌设施直接回灌到地下含水层;也可沿河流两岸布置回灌设施,在汛期,通过引水管道将河水或洪水引入具有过滤功能的回灌设施,回灌到含水层。

当库区内分布的河流四季有水时,可以沿两岸布置回灌设施,利用引水管道将河水引入回灌设施内,回灌到含水层。

在利用回灌设施进行地下水回灌的同时,还可兴建闸、堰、坝等一些河道拦蓄建筑物,以滞蓄河水,增大回灌量。

(2)明渠引水回灌工程。

为了增大回灌量或将水均匀地回灌到含水层,可以在库区内布置一条或多条回灌引水渠,将河水引入回灌坑或专门回灌设施内,回灌到含水层;也可以布置一条或多条回灌引水渠,在引水渠内布置具有反滤功能的回灌设施,将河水回灌到含水层。

回灌引水渠的布置应考虑含水层的地质结构、地下水的流向和河流的走向,一般情况下,回灌引水渠应垂直河流向布置,并布置在厚而透水性强的含水层上。

2)有净化设施回灌工程的布置

当河流上游及库区范围内河流两侧有污染物进入河流时,需要建设专门的河水净化工程,对河水进行处理,将处理后水质达标的河水通过引水渠送入回灌设施,再回灌到含水层。这种回灌工程通常采用明渠引水回灌的布置方式。

4.回灌工程分区

应根据含水层的结构和分布,分区布置回灌工程,一般可将地下水库库区分为四类回灌区。

(1)天然回灌区。主要指含水层直接出露的区域,一般不需布置回灌设备。对于非河道的天然回灌区,需要将水引入回灌区。

(2)渗渠回灌区。指弱透水表层较薄的含水层,需布置较浅反滤回灌渗渠,揭穿弱透水表层,建立地下水回灌通道。

(3)深井回灌区。指弱透水表层较厚的含水层或多层含水层区域,以及弱透水表层较薄的多层含水层区域,需布置较深的反滤回灌井,打穿弱透水表层或多层含水层,建立地下水回灌通道。

（4）混合回灌区。指弱透水表层厚度变化的含水层区域，对于弱透水表层较薄的部位，布置较浅的反滤回灌渗渠；对于弱透水表层较厚的部位，需布置较深的反滤回灌井，建立地下水回灌通道。

（三）开采方式和开采工程的布置

地下水库开采工程常采用的开采方式有：①垂直取水，如开采井；②水平取水，如集水廊道；③抬高地下水位取水；④自流开采。

布置开采工程应考虑的因素：①库区含水层的分布情况；②用户分布情况；③已有灌溉渠系的分布情况。

开采工程布置一般原则如下：

（1）灌溉用水应根据灌区的特点分散布置，或沿已有的灌溉渠系布置；

（2）对于城市和工业用水，一般应布置在深、厚含水层上，且位于回灌工程的下游；

（3）应进行开采方案优化设计，寻求最优开采量。

（四）排污工程的布置

排污工程可采用以下几种方式布置：

（1）清除库区范围内各种污染源；

（2）建立专门的排污管网，将污水汇集起来，集中进行污水处理，水质满足回灌水源水质标准后，将中水送入河流或直接回灌至含水层；

（3）建立专门的排污管网，将污水汇集起来，并通过排污管网排至地下水下游方向的地下水库库区以外。

第五章　地下水库工程设计

地下水库建筑物设计的主要内容包括地下坝设计、回灌工程设计、开采工程设计、排污工程和其他工程设计等，其中回灌工程设计包括专门回灌建筑物、河道拦蓄建筑物和回灌引水建筑物工程设计，其他工程设计包括地下水泄水建筑物设计、潮水拦截建筑物设计、地表排污工程设计、库内残留咸水体处理工程设计等。

第一节　地下坝设计

地下坝的作用就是截断地下水流出库外的通道、形成相对封闭的地下水库储水空间。通俗地讲，地下坝就是能够有效截断地下潜流（垂直方向）的地下防渗墙。下面主要介绍地下坝设计的基本原则、坝型选择、坝体结构计算方法以及地下水库建设中常用地下坝的结构类型。

一、地下坝设计基本原则

(一)地下坝设计的基本原则

地下坝设计应满足的基本原则如下：

(1)地下坝坝体材料应具有足够的耐久性和较小的渗透性，其坝体材料的渗透系数应小于1.0×10^{-6} cm/s；

(2)地下坝应满足一定的强度要求，地下坝墙体所受应力不应超过坝体材料的抗压强度、抗拉强度和抗剪强度。

(3)地下坝的厚度应满足材料的抗渗要求和施工要求。

影响地下坝厚度的主要因素有两个：①在地下水库运行过程中，库内、库外的地下水存在一定的水位差，地下坝应承受一定渗透水压力，墙体厚度满足抗渗要求和强度要求。②考虑地下坝施工过程中槽孔的倾斜程度,保证地下坝最深处不同施工顺序墙体结合部位的最小厚度满足设计要求。一般而言,40 m 深度范围内,地下坝槽孔孔斜率应控制在0.5%以内。

(4)选择地下坝坝轴线应考虑的主要因素有:①有效截断库区内地下水流出库区的过水通道,并尽可能形成较大的地下水库库容;②坝址处覆盖层较浅或距库区不透水底板的深度最浅,以减少地下坝的深度,降低工程造价;③滨海区地下水库的地下坝应能有效截断海水入侵的地下通道;④滨海区地下水库的坝址地表高程尽可能地高于海水潮汐的高潮水位;⑤滨海区地下水库应尽可能将海相地层拦在库外,避免含有残存古海水,影响库区地下水水质。

(5)地下坝坝体与库底相对不透水层、库区不透水边界和其他建筑连接良好,接头不透水或满足抗渗要求。

(6)确定地下坝坝顶高程应考虑的因素有地下水库地下校核水位或地下正常蓄水位、当地土壤毛细水上升高度、库区地形地貌、潜水蒸发以及库区土地次生盐渍化、库区蓄水对当地生态和环境条件的影响等,其中地下校核水位或地下正常蓄水位是确定地下坝坝顶高程应考虑的主要因素。

(7)应选择防渗可靠、技术可行和经济合理的地下坝坝型和成熟的地下坝施工工艺。

(二)地下坝设计的主要内容

地下坝设计的主要内容如下:

(1)根据工程的规模、性质和用途,以及地基的实际情况,选择合适的地下坝坝型,并在平面、剖面和纵剖面上初步布置地下坝。

(2)根据地下坝承担的水头差以及坝体材料类型、墙体深度和施工工艺,初步确定地下坝的厚度。

(3)地下坝渗流计算和渗透稳定性验算包括两方面内容:①计算坝体中的渗流坡降,下游的出逸坡降,验算坝体抗渗稳定性,分析地下坝产生溶蚀的可能性以及耐久性,并从水泥品种、材料配比等方面研究改进措施;②计算坝体的渗漏量。

(4)地下坝坝体结构强度计算,在最危险工况运行下,分析地下坝坝体沿高度各截面的变形、压应力、拉应力的分布规律,核算坝体应力是否满足坝体材料的强度要求。

(5)经济技术对比,地下坝方案选定。

(6)细部设计,指地下坝与库底相对不透水层、库区不透水边界或其他防渗设施连接部位的设计。

(7)观测设计,根据工程的具体要求,在地下坝上布置相应的观测设备,进行坝体应力应变观测和坝体两侧地下水位观测。

(8)通过现场试验,确定地下坝施工工艺参数,进行材料配比设计。

(9)编写设计说明书,并提出施工的具体要求。

必须指出的是:地下坝的主要任务是防渗,它必须有效地截断地下潜流,其坝基渗流坡降和下游出逸坡降必须小于允许值,不至于造成渗流破坏,同时必须有效控制渗漏量,保证水库有效蓄水,避免库水大量漏失。进行地下坝设计时必须抓住这个主要矛盾,在选择坝型、材料以及施工机械和方法时,均必须围绕满足防渗这一重要功能而设计。与此同时,地下坝由于本身具有一定刚度,在承担防渗任务时,也承受水压力、土压力等荷载的作用,故需要进行强度核算,必须满足坝体材料的强度要求。地下坝本身置于砂砾层中,其后有地基作支撑,只要坝基本身是稳定的,不存在地下坝本身整体破坏问题,但却存在地下坝因强度不够而发生开裂或严重开裂的问题,从而影响防渗效果。因此,地下坝应能综合满足抗压、抗拉、抗剪等方面的强度要求。地下坝与各方面连接的细部设计,常常是地下坝防渗的薄弱环节,如处理不当,也会影响防渗效果,不能忽视。

二、地下坝坝型

地下坝坝型即地下防渗墙的类型,主要指地下防渗墙在施工方法和坝体材料等方面的差异。地下坝施工方法的差异和坝体材料的不同,都会影响地下防渗墙墙体的质量、强度、抗渗性和耐久性。在实际工程中,应结合地层的特性、施工条件和工程投资情况以及工程的重要性,通过经济技术分析对比,择优选择地下坝坝型。

　　地下防渗墙的类型很多,常用的类型有:①混凝土或塑性混凝土地下连续防渗墙,施工设备有冲击钻、液压抓斗、链斗式挖槽机、锯槽机、振动沉模机和振动切槽机等,可形成混凝土或塑性混凝土地下连续防渗墙;②高喷灌浆防渗墙,施工设备有双管、三管高压喷射灌浆成套设备,可形成定喷、摆喷或旋喷三种形状的水泥砂浆地下防渗板墙;③水泥土防渗墙,施工机械有单头、多头深层搅拌桩机,有干法、湿法两种施工方法,可形成水泥土地下防渗墙;④垂直铺塑,施工机械有垂直铺塑机,可形成塑膜地下防渗墙。

　　下面主要介绍地下水库建设中经常采用的地下防渗墙,如高喷灌浆防渗墙、深层搅拌水泥土防渗墙、开槽型塑性混凝土防渗墙、振动沉模防渗墙等。

(一)高喷灌浆防渗墙

　　高喷灌浆防渗墙是目前水利工程中应用较为广泛的垂直防渗墙,经过多年的实践和改进,目前已形成较为完善的高喷灌浆技术。高喷灌浆技术是利用钻机造孔,然后把喷头管送至土层预定位置,用高压喷嘴喷射高压射流,用该射流冲击和破坏地基土体,同时与灌入的水泥浆掺搅混合,在土中形成凝结防渗墙体,以达到截渗目的。它有旋喷、摆喷和定喷三种喷射形式,在土体中形成柱状、哑铃状和板状的凝结体防渗板墙。

　　高喷技术的基本特点是:技术成熟,适应性强,成墙深度大,施工工艺简单。高喷灌浆防渗墙可用于黏土、砂土、砾石等坝基的截渗,尤其是对于较纯的砂类,其防渗效果较好。不足之处是施工质量控制比较复杂,成墙造价较高。

(二)深层搅拌水泥土防渗墙

　　深层搅拌水泥土防渗墙技术是近年来发展起来的垂直截渗技术,尤其是多头小直径深层搅拌水泥土防渗墙,施工效率高,成墙速度快,得到了迅速发展。多头小直径深层搅拌水泥土防渗墙技术是利用特制的多头小直径深层搅拌机,按设计要求把掺入 12% 左右的水泥浆(或水泥粉)喷入土体,并搅拌形成水泥土连续防渗墙。

　　深层搅拌水泥土防渗墙技术适用于黏土、砂土,目前成墙深度已达

60 m。其特点是:技术可靠,工效高,工程造价较低,但截渗效果一般。

(三)开槽型塑性混凝土防渗墙

开槽型塑性混凝土防渗墙是水工建筑中较普遍采用的一种地下连续墙,是截渗处理的一种有效措施。开槽型塑性混凝土防渗墙技术是利用专门的机械设备造槽,在槽孔内注满泥浆,以防孔壁塌落,最后用导管在注满泥浆的槽孔内浇筑掺有 30% 左右黏土的混凝土,并置换出泥浆,筑成塑性混凝土墙体。

开槽型塑性混凝土防渗墙适用各种地质条件,成墙最大深度为70.0 m。其特点是:技术可靠,截渗效果最好。缺点是:施工工艺较复杂,工程造价较高。

(四)振动沉模防渗墙

振动沉模防渗墙是利用振动桩机的强力高频振锤将空腹模板沉入地下,然后向模板内注入浆液,模板振拔后成防渗墙体。为了便于板和板之间的衔接,常采用边缘为"工"字形的模板。坝体材料为常规的塑性水泥砂浆,其强度指标、抗渗指标、截渗指标一般均满足工程需要。塑性材料最为明显的特点是弹性模量可以控制在较低水平,可以较好地适应墙体的应力变形要求。

振动沉模防渗墙的主要优点:①墙体质量好,连续性可靠,渗透系数低;②可形成宽度为 15~20 cm 的薄连续墙体,工程造价较低;③施工工效高,单套设备日作业量可达 300 m²;④成槽与成墙同时完成,墙底不产生落淤,与相对不透水层结合性能良好;⑤对地层有挤密作用,对裂隙有附加灌浆作用。但是振动沉模防渗墙的致命缺点是:墙深有限,坚硬地层施工相对困难。

三、地下坝墙体厚度

地下坝墙体的厚度取决于地下坝承受的水头、坝体材料、地下坝的使用年限和投资的经济性,另外,槽孔垂直度对防渗墙的有效厚度也有一定的影响。

(一)根据作用水头确定地下坝墙体厚度

在地下水库运行过程中,地下坝因库内、库外地下水位的不同而承受一定的水头差,地下坝的厚度需要满足抗渗的要求,即要求地下坝所承受的水力坡降小于等于材料的允许水力坡降。

地下坝的水力坡降 J 为墙体所承受的水头差 H 与墙厚度 δ 的比值。

材料的允许水力坡降 $J_允$ 定义为坝体材料能够承受的最大水力坡降 J_{max} 与安全系数 K 的比值。根据设计经验,并考虑一定的安全储备,当安全系数 $K \geqslant 5$ 时,墙体是安全的,即可满足设计要求。最大水力坡降 J_{max} 通常由坝体材料的性质和水头的大小决定,一般通过现场试验确定,或选用经验值。一般而言,当安全系数取 5 时,坝体材料抗渗标号达到 W_4 的,其允许水力坡降 $J_允$ 为 50;坝体材料抗渗标号达到 W_6 的,其允许水力坡降 $J_允$ 为 80。

(二)根据使用年限确定地下坝墙体厚度

根据材料的耐久性,即地下坝墙体的使用年限,确定墙体的厚度。对于混凝土防渗墙,墙体厚度的确定方法是:初拟墙体的厚度,根据实际承担的水头,计算墙体渗水使石灰质淋蚀而丧失强度 50% 所需时间 T,一般 T 应不少于 50 年。

墙体渗水使石灰质淋蚀而丧失强度 50% 所需时间 T,可参考苏联梯比里斯建筑物与水能科学研究所推荐公式(5-1)计算。

$$T = \frac{ac}{K} \frac{l}{\beta J} \tag{5-1}$$

式中　l——渗径长度,即墙体厚度,m;

　　　K——渗透系数,m/年;

　　　c——1 m^3 混凝土的水泥用量,kg/m^3;

　　　a——使混凝土中强度降低 50%,淋蚀混凝土中石灰所需的渗水量,m^3/kg,据莫斯克文研究,$a = 1.54$ m^3/kg,按柳什尔资料,$a = 2.2$ m^3/kg;

　　　J——水力坡降;

　　　β——安全系数,按苏联梯比里斯建筑物与水能科学研究所资料,可根据建筑物等级、结构物厚度及混凝土硬化条件选取,参见表 5-1。

表 5-1　安全系数 β 的选取

建筑物等级	大块结构 ($l > 2$ m)	非大块结构	
		受水压前,在湿空气中硬化	受水压前,在干空气中硬化
Ⅰ	10	20	100
Ⅱ	8	13	80
Ⅲ	6	12	60
Ⅳ	4	8	40

(三)根据槽孔垂直度确定地下坝墙体厚度

应根据地下坝墙体深度、施工设备和施工技术,验算墙体厚度是否满足搭接厚度的要求。如:由某种施工方法建造的地下坝,槽孔垂直度不低于 0.5%,而混凝土防渗墙最深 35.0 m,如果考虑单侧偏离轴线,最大允许偏离 17.5 cm,则墙体厚度不得低于 17.5 cm;如果考虑双侧相反偏离轴线,最大允许偏离 35.0 cm,则墙体厚度不得低于 35.0 cm。

(四)根据坝体材料强度确定地下坝墙体厚度

通过结构应力计算,核算地下坝坝体承受的各项应力是否满足相应坝体材料强度的要求。如果不满足坝体材料强度的要求,则应增加地下坝坝体的厚度,或通过调整坝体材料的配比适当降低材料的弹性模量,或采用综合的方法。

四、结构分析方法

地下坝置于地下透水地基上,表现出以下特点:

(1)墙身材料和地基土各项力学参数的不确定性,特别是地基土的非均匀性和各向异性、应力应变关系的复杂性,增加了结构应力计算的复杂性;

(2)地下坝、地基的相互作用增大了结构应力计算的难度;

(3)施工方法和施工工艺影响着地下坝的应力状况,施工中形成的不规则墙面以及墙与地基之间的薄层夹泥对地下坝应力的影响,降低了结构应力计算的准确性等。

以上多种因素使得地下坝的结构应力计算变成一个十分复杂的问题。目前,地下坝的结构应力分析计算方法有结构力学法、弹性理论分析法和有限单元法,但由于影响地下坝结构应力的因素较为复杂,地下坝的结构应力分析计算方法仍需要不断地完善和发展。由于混凝土(或塑性混凝土)地下连续墙的结构计算较为成熟,下面以混凝土(或塑性混凝土)地下连续墙的结构计算为例,简要介绍地下坝结构应力的计算方法。

(一)结构力学法

在结构力学法中,比较常用的是弹性地基梁法,该法的主要特点是:把地下坝与地基分割开来进行分析,将地下坝简化成竖向放置的地基梁,利用有限差分法来分析多层介质地基中的防渗墙的应力与应变问题。

在计算中引入以下假定:

(1)假定防渗墙与地基之间的变形符合文克尔假定,墙上各点的力与地基在该点的变位成正比,地基系数随深度直线变化以及随不同地层而变化。

(2)地下坝部分考虑其水压力沿渗径而减少,具体数值由等势线计算,静水压力按三角形分布。

(3)取单宽米作为计算简图,墙背与地基之间阻力影响不大,摩擦系数取零。

(4)墙顶视为自由端,底端视为铰接。

在多层介质地基中,防渗墙受荷载作用后,地基与墙体之间的变形协调关系采用文克尔假定,地基反力系数随不同地层变化,而在各地层中为常数。

根据弹性地基阶形梁的原理,结合防渗墙的受力特点和边界条件,应用有关形常数及载常数的计算公式,并在具体计算上引用跨变结构力矩和侧力一次分配法的原理,利用多层介质地基的内力和形变分向传播法的计算公式,来具体分析多层介质地基中混凝土防渗墙的结构形变和内力问题。

在计算墙身应力时,除应考虑水平力外,还应考虑竖向力对地下坝的作用。竖向力对地下坝纵向弯曲的影响不大,但对地下坝墙体应力影响很大。弹性地基梁法墙身应力计算理论和计算公式可参见文献[26]。

弹性地基梁法的主要缺点是:①难以准确地确定地基的力学参数;②将地下坝从地基中隔离出来,不能考虑地下坝与地基的相互作用和相互影响。因此,弹性地基梁法不能确切地模拟地下坝的结构特性和变形特性,仅能用于地下坝初步的应力分析。

(二)弹性理论分析法

弹性理论分析法是将弹性理论应用于地下坝的结构分析。其特点是将地基、坝体视为弹性体,根据坝体与地基两者变形一致的条件,用弹性理论的方法求出作用于墙上的土压力,然后对墙体作适当的结构分析。

弹性理论分析法只能将地基视为各向同性的均质弹性体,而不能反映地基的各向异性和非均质性,也不能反映地基材料应力应变关系的非线性,且计算公式复杂,计算工作量大,因而限制了弹性理论分析的应用。

(三)有限单元法

在地下坝有限元应力计算中,采用中点增量法进行应力应变分析,采用非线性弹性模型——邓肯模型模拟土体的应力应变关系,采用接触单元模拟防渗墙与坝体间泥皮夹层的工作状态,采用梁单元模拟防渗墙的工作状态。

1. 基本方法

有限单元法通过离散的手段,将地下坝和地基离散成若干小的单元体,利用应力位移的关系和本构关系,建立各个单元结点力和结点位移的关系式(见式(5-2)),在分析各个单元的结点力和结点位移关系的基础上,求出地下坝和地基的位移与应力。

$$[K]\{\delta\} = \{R\} \tag{5-2}$$

式中 $[K]$——劲度矩阵;
$\{\delta\}$——结点位移;
$\{R\}$——结点荷载。

有限单元法分析的关键是建立劲度矩阵$[K]$,而劲度矩阵$[K]$依赖于刚度矩阵$[D]$,刚度矩阵$[D]$表示材料的应力应变关系,见式(5-3)。

$$\{\sigma\}[D] = \{\varepsilon\} \tag{5-3}$$

式中　$[D]$——刚度矩阵;

　　　$\{\sigma\}$——单元应力;

　　　$\{\varepsilon\}$——单元应变。

根据材料应力应变关系的不同,有限单元法分为线性弹性分析方法、非线性弹性分析方法和弹塑性分析方法。土体材料一般表现为非线性,常采用非线性有限元分析方法分析地下坝的应力。

有限单元法的主要特点是:将地下坝和地基作为整体分析,避免引入一些不甚合理的人为假定,能够考虑地下坝与地基的相互作用和相互影响,以及地下坝和地基材料的非均质性、各向异性及应力应变关系的非线性,还可以模拟施工期、竣工期和正常运用期等不同工作状态下的不同荷载条件及边界条件。因此,有限单元法明显优于其他方法。

2.非线性分析方法

在求解非线性问题时,经常采用迭代法、增量法和增量迭代法等近似的方法,用一系列线性问题的解答来逼近非线性问题的真实解答。

在地下坝有限元应力应变分析中,常采用增量法模拟施工过程中的分级加荷。增量法是将全荷载分为若干级微小增量,逐级用有限元法进行计算。对于每一级增量,假定材料性质不变,作线性有限元计算,求得位移、应变和应力的增量。而各级荷载之间材料性质变化、刚度矩阵变化反映了非线性的应力应变关系。土体应力、应变增量的表达式见式(5-4)。

$$\begin{bmatrix}\Delta\sigma_x\\\Delta\sigma_y\\\Delta\tau_{xy}\end{bmatrix} = \frac{E_t}{(1+\nu_t)1-\nu_t)}\begin{bmatrix}1-\nu_t & \nu_t & 0\\\nu_t & 1-\nu_t & 0\\0 & 0 & (1-2\nu_t)/2\end{bmatrix}\begin{bmatrix}\Delta\varepsilon_x\\\Delta\varepsilon_y\\\Delta\gamma_{xy}\end{bmatrix}$$

$$\tag{5-4}$$

在计算每级的刚度矩阵时,采用该级荷载的平均应力作为计算本级刚度矩阵的依据,这就是中点增量法。

3.非线性弹性模型

地基土体材料的应力应变关系采用非线性弹性模型——邓肯模型,邓肯模型的切线弹性模量见式(5-5),切线泊松比采用式(5-6)。

$$E_t = \left[1 - \frac{R_f(1 - \sin\varphi)(\sigma_1 - \sigma_3)}{2c\cos\varphi + 2\sigma_3\sin\varphi} \right]^2 K'P_a\left(\frac{\sigma_3}{P_a}\right)^n \tag{5-5}$$

$$\nu_t = \frac{G - F\log\dfrac{\sigma_3}{P_a}}{\left\{ 1 - \dfrac{D(\sigma_1 - \sigma_2)}{K'P_a\left(\dfrac{\sigma_3}{P_a}\right)^n\left[1 - \dfrac{R_f(\sigma_1 - \sigma_3)(1 - \sin\varphi)}{2c\cos\varphi + 2\sigma_3\sin\varphi} \right]} \right\}^2} \tag{5-6}$$

式中　E_t——切线弹性模量;

　　　　ν_t——切线泊松比;

　　　　R_f——破坏比;

　　　　σ_1、σ_3——最大主应力及最小主应力;

　　　　K'——弹性模量数;

　　　　n——弹性模量指数;

　　　　G、F、D——泊松比参数;

　　　　P_a——大气压力;

　　　　c、φ——土体黏聚力及摩擦角。

4.接触面单元

地下坝材料一般为混凝土或塑性混凝土,混凝土或塑性混凝土的性质与土的性质相差甚远。当两种材料性质相差很大时,在一定受力条件下有可能在其接触面上产生错动、滑移或开裂,这时应设置接触面单元。

常用的接触面单元分为无厚度的接触面单元和有厚度的接触面单元两种。

无厚度的接触面单元常用古德曼(Goodman)等人提出的接触单元模型,古德曼接触单元模型由两片长度为 L 的接触面组成,假想两片接触面之间为无数微小的弹簧所连接,每片接触面有两个结点,一个单元共四个结点。接触面与相邻单元或二维单元之间,只有在结点处有力的联系。在受力之前,两片接触面完全吻合,即单元没有厚度只有长度,是一种一维单元;在受力后,接触面可以互相脱离、互相嵌入和错开,可用于模拟接触面的开裂和错动滑移等现象。接触单元结点力与结点位移的关系式见式(5-7)。

$$
\begin{Bmatrix} x_i \\ y_i \\ x_j \\ y_j \\ x_m \\ y_m \\ x_n \\ y_n \end{Bmatrix} = \frac{L}{6} \begin{bmatrix} 2k_n & & & & & & & \\ 0 & 2k_s & & & & 对 & & \\ k_n & 0 & 2k_n & & & & & \\ 0 & k_s & 0 & 2k_s & & & 称 & \\ -k_n & 0 & -2k_n & 0 & 2k_n & & & \\ 0 & -k_s & 0 & -2k_s & 0 & 2k_s & & \\ -2k_n & 0 & -k_n & 0 & k_n & 0 & 2k_n & \\ 0 & -2k_s & 0 & -k_s & 0 & k_s & 0 & 2k_s \end{bmatrix} \begin{Bmatrix} u_i \\ v_i \\ u_j \\ v_j \\ u_m \\ v_m \\ u_n \\ v_n \end{Bmatrix}
$$

$$(5-7)$$

式中　x、y——x 向及 y 向结点力;

　　　u、v——x 向及 y 向结点位移;

　　　L——接触单元长度;

　　　k_n、k_s——法向及切向单元长度劲度系数,其中 k_n 应根据受压、受拉状态的不同分别取很大的值(如 $k_n = 1 \times 10^7$ kN/m³ 或 $k_n = 10^8$ kN/m³)和很小的值(如 $k_n = 1 \times 10$ kN/m³),k_s 由式(5-8)确定。

$$
k_s = k_1 \gamma_\omega \left(\frac{\sigma_n}{p_a} \right)^{n_s} \left[1 - \frac{R_{fs}\tau}{\sigma_n \tan\delta + c_s} \right]^2 \tag{5-8}
$$

式中　k_1——接触面系数;

　　　n_s——接触面劲度指数;

　　　R_{fs}——接触面破坏比;

　　　δ、c_s——接触面上的摩擦角、黏聚力。

　　有厚度的接触面单元是用一薄层单元(有厚度)模拟接触面,接触面之间的错动、滑移假定出现在一定厚度范围内。有厚度的接触面单元的厚度一般可取单元长度的 1/100～1/10。Desai 最早提出了用薄层单元(有厚度)模拟接触面,殷宗泽等在 Desai 有厚度的接触面单元模型的基础上提出了不同形式的模型。采用有厚度的接触面单元模型可参考相应的文献。

5. 梁单元

在通常的有限单元法计算中,就单元而言,模拟地下坝的单元与模拟地下坝墙体以外的土体的单元没有什么本质的不同,所不一样的仅是混凝土与土体材料的物理力学参数(γ、φ、c、E 等)。众所周知,地下坝与其周围的土体不仅有着不同的材料特性,而且有着明显不同的受力特点、变形特点。比如,土体单元不能承受弯矩,而墙体是可以受弯的,土体单元的结点不能产生转角位移,而墙体是可以的。显然,不考虑土体与墙体的这些差异是通常有限元计算方法的不足。

深埋在地基内的地下坝是一种厚度较小而高度和刚度较大的构件。在外荷载作用下,墙体一方面受压(拉),另一方面受弯,是弯压结合的偏心受压构件。为了模拟地下坝的应力、变形特点,人们采用了梁单元,包括一维梁单元模型和四结点梁单元模型。

一维梁单元只考虑长度,不考虑厚度,每单元有两个结点,每个结点有水平位移、垂直位移和角位移 3 个自由度。一维梁单元结点力和结点位移的关系式见式(5-9)。

$$
\begin{Bmatrix} P_{x1} \\ P_{y1} \\ M_1 \\ P_{x2} \\ P_{y2} \\ M_2 \end{Bmatrix} = \frac{E}{L^3} \begin{bmatrix} 12I & & & & & \\ 0 & AL^2 & & \text{对} & & \\ 6IL & 0 & 4IL^2 & & \text{称} & \\ -12I & 0 & -6IL & 12I & & \\ 0 & -AL^2 & 0 & 0 & AL^2 & \\ -6IL & 0 & 2IL^2 & -6IL & 0 & 4IL^2 \end{bmatrix} \begin{Bmatrix} u_1 \\ v_1 \\ \theta_1 \\ u_2 \\ v_2 \\ \theta_2 \end{Bmatrix}
$$

$$(5\text{-}9)$$

式中　P_{xi}、P_{yi}、M_i——i 结点的水平力、竖向力和弯矩;

　　　u_i、v_i、θ_i——i 结点的水平位移、竖向位移和转角;

　　　E——梁弹性模量;

  L——梁单元长度；

  A——梁横截面面积；

  I——梁惯性矩。

  显然，这种一维梁单元在荷载作用下，结点上既有水平位移，又有垂直位移，同时还有角位移，较好地模拟了地下坝的结构特性及受力特性，毫无疑义与通常有限元计算中将墙体与周围土体用"同等单元"模拟的方法有本质性的不同，它更接近实际。但应该指出的是，一维梁单元的每个结点有 3 个自由度，而土体单元的每个结点只有 2 个自由度，墙与其周围土体的变形不一致性，显然会影响分析计算的准确性；另外，因为梁与土体单元结点数的不同及每个结点自由度的不同，使它们的劲度矩阵不仅内容不同，而且维数也不一致，所以在有限元计算中不能直接将各单元的劲度矩阵相叠加，形成总体劲度矩阵。这些便是一维梁单元的不足之处。

  在一维梁单元的基础上，提出了四结点梁单元模型。四结点梁单元模型在一维梁单元的 2 个结点上，分别加上一刚度很大的短臂，它们垂直于梁轴线，短臂的长度为墙体厚度的 2 倍。每个短臂两端各有 1 个结点，每个结点上有水平位移和垂直位移 2 个自由度。如此构成的四结点梁单元，与土体单元有相同的结点数和自由度，克服了一维梁单元的结点与其紧邻的土体单元结点（由于一维梁单元不计厚度，实际是同一点）有不同的结点力和位移的缺陷，较好地模拟了地下坝的荷载环境、结构特性及受力特性等。

第二节　回灌工程设计

  回灌工程设计应考虑当地的水源条件、库区含水层的结构和分布情况，科学地进行地下水回灌规划，合理地确定地下水回灌建筑物的形式、位置和回灌工程的规模。

一、回灌建筑物的主要类型

  目前，地下水库回灌建筑物的主要类型有专门回灌建筑物、河道拦蓄建筑物和回灌引水建筑物。

专门回灌建筑物主要指专用于地下水回灌的建筑物和回灌设备，如回灌井、回灌渗渠、回灌池(坑)等，其中回灌井适用于上覆弱透水层较厚(或含水层与弱透水层互层)的地层结构，回灌渗渠适用于上覆弱透水层较薄的地层结构，回灌池(坑)用于含水层直接出漏的地层结构。

河道拦蓄建筑物主要指通过建设拦河闸、挡水堰、橡胶坝等挡水建筑物，抬高或多蓄河道内河水，增加河水沿河道入渗到含水层的水量。

回灌引水建筑物是专为回灌引水而设置的回灌引水闸、回灌引水渠道、回灌引水管道等引水建筑物。

二、回灌规模

(一)总回灌量的确定方法

总回灌量取决于三方面的因素：一是可供回灌水源，主要指当地有多少可用于地下水回灌的地表水水源以及可从其他流域引来多少可用于地下水回灌的水源；二是当地对地下水资源的需求量，主要指当地在充分利用地表水资源的前提下，水资源短缺的数量；三是地下储水空间的大小，主要是指地下水库地下储水空间能够接纳多少水量。在回灌水源充足和地下储水空间宽松的情况下，总回灌量主要取决于当地对地下水资源的需求量。

地下水资源需求量主要指城镇需水量、农业灌溉用水量和生态环境需水量。

城镇需水量是城镇用水量的总和，主要包括生活用水、工业用水、环境用水和其他用水等。城镇需水量与规划水平年的选取、社会经济发展规划、水资源开发利用政策、科技发展水平等因素密切相关。城镇需水量的预测方法有定额法、趋势法、弹性系数法、模型法等，各种预测方法请参考相关资料。

农业灌溉用水量与当地灌排渠系的条件、作物种植比例、灌溉制度和设计灌溉保证率有关，农业灌溉用水量的预测请参考相关资料。

生态环境需水量是指满足当地生态环境发展而需要的最小水量。

　　当地下水资源需求量确定后,可通过地下水水量调节计算最终确定总回灌量,地下水水量调节计算方法参见本书第四章的有关内容。

　　对于同时利用地表水和地下水的工程,当地下水资源需求量确定后,需要通过地下水和地表水联合水量调节计算,最终确定回灌总量,地下水和地表水联合水量调节计算方法请参见有关内容。

(二)专门回灌建筑物单位回灌量的确定方法

　　专门回灌建筑物单位回灌量的确定方法有以下几种:

　　(1)理论计算法,即根据专门回灌建筑物单位回灌量的计算理论和方法,计算单位回灌量。

　　(2)现场回灌试验法,通过现场回灌试验,模拟专门回灌建筑物地下水回灌的过程,根据现场回灌试验结果,确定单位回灌量。

　　(3)类比法,通过对比类似含水层结构和回灌条件下相应专门回灌建筑物的单位回灌量,来确定本地专门回灌建筑物的单位回灌量。

　　考虑到影响专门回灌建筑物单位回灌量的因素比较复杂,对于重要的回灌工程,都应通过现场回灌试验确定专门回灌建筑物的单位回灌量。

(三)回灌建筑物数量的确定

　　当总回灌量和专门回灌建筑物单位回灌量确定后,就可确定回灌建筑物的类型和数量。

　　在规划设计回灌建筑物时,应根据实际含水层的结构、水源条件和用户需要情况,选择一种或多种专门回灌建筑物;应通过优化组合,选择技术合理、成本最低、效益最佳的专门回灌建筑物或专门回灌建筑物组合,并确定相应专门回灌建筑物的数量。

三、专门回灌建筑物的设计

　　对于以天然水源作为回灌水源的回灌工程,由于回灌水中含有泥沙等杂质,一般很少采用普通回灌井进行地表水回灌,而多采用反滤回灌井、反滤回灌渗渠等自身带有反滤功能的回灌井进行地表水回灌。但是,对于以人工净化处理后的河水或中水作为回灌水源的回灌工程,一般可采用普通回灌井,直接将处理后的河水或中水回灌至含水层。

考虑到反滤回灌井由普通回灌井和回灌池组成,因此先介绍普通回灌井的设计,再介绍反滤回灌井、反滤回灌渗渠的设计。

考虑到普通回灌井与地下水开采井(即抽水井)类似,而地下水开采井又是常见的取水建筑物,且存在很多介绍地下水开采井设计的有关书籍、资料,因此在介绍普通回灌井设计的基本方法时,仅仅指出普通回灌井设计与地下水开采井设计的不同之处,不再详细介绍。

(一)普通回灌井的设计

普通回灌井的井身结构与地下水开采井类似。地下水开采井的种类很多,但在地下水回灌中,普通回灌井常采用管井的结构形式。由于地质条件、施工方法、配套水泵和用途的不同,管井的结构形式也多种多样。与普通管井的结构类似,普通回灌井的结构一般可由井口、井身、托盘和管井外侧反滤结构等部分组成。

普通回灌井的井口指管井接近地表的部分,井口周围也应用黏土或水泥等不透水材料封闭并夯实,用以防止地表污水进入井内,以及防止地面因承重和震动而沉陷,同时井管管口也应高出地面 0.3 m 以上。井身指井口以下管井井管,一般采用混凝土管或钢筋混凝土管,通常均采用滤水管,回灌水通过滤水管注入含水层,井身直接影响着管井的质量和使用寿命,是管井的最重要部分。托盘指普通回灌井中用于密封管底的结构。管井外侧反滤结构指井身滤水管外侧与钻孔之间缝隙所填的反滤料结构。

普通回灌井与普通开采井的主要差别在于:

(1)普通回灌井是将地表水回灌至含水层,而普通开采井是将含水层中的地下水抽至地表,普通回灌井的井流运动是与普通开采井井流运动相反的逆过程,是一注水过程;

(2)为增大普通回灌井的回灌量,普通回灌井的整个井身一般均采用滤水管,全为注水部分;

(3)普通回灌井的钻孔(或挖孔)孔径一般比滤水管管径大得多,滤水管外侧均回填砂砾石反滤料。

选择普通回灌井井径时,主要考虑含水层的结构和单位回灌量的大小。在已建地下水库回灌工程中,普通回灌井常采用直径 800 mm

的钻孔孔径和直径 420 mm 的混凝土滤水管。回灌井井管的连接方式、滤水管的选择和回灌井施工均可参照普通开采井的相关内容。

　　普通回灌井的井距主要取决于含水层的特征,一般按单井布置,通常不小于 30 m,尽量避免回灌井之间产生较严重的相互干扰。普通回灌井的数量取决于回灌总量和含水层的结构。普通回灌井群布置方式一般有直线形、三角形和梅花形。

(二)反滤回灌井的设计

　　反滤回灌井由回灌池和回灌井组成,反滤回灌井中的回灌井与普通的回灌井相比仅仅多了一个反滤回灌池,没有其他的区别,因此反滤回灌井设计的关键在于反滤回灌池的设计。下面重点介绍反滤回灌池设计的内容和方法。

1.反滤回灌井的结构

　　反滤回灌井由回灌池和回灌井组成。对于现行的反滤回灌井,其回灌池的结构一般为上大下小的四方台体或圆柱体,回灌池内设中粗砂和砾石两层反滤料;其回灌井一般由钢筋混凝土井盖、混凝土滤水管井和混凝土托盘组成,并在混凝土滤水管井与钻孔孔壁之间回填砂砾石反滤料。现行反滤回灌井的结构见图 5-1 ~ 图 5-6,其中图 5-1 为反

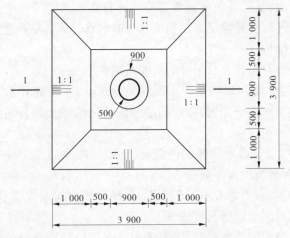

图 5-1　反滤回灌井的平面图

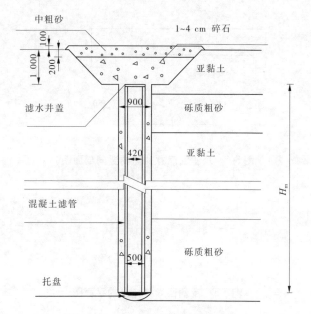

图5-2 反滤回灌井的竖向剖面图

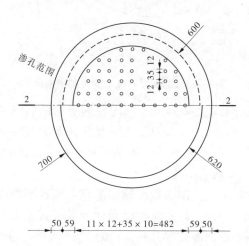

图5-3 反滤回灌井井盖的平面图

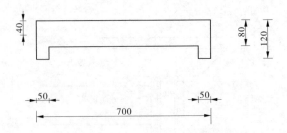

图 5-4　　反滤回灌井井盖的竖向剖面图

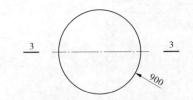

图 5-5　　反滤回灌井托盘的平面图

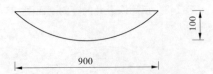

图 5-6　　反滤回灌井托盘的竖向剖面图

滤回灌井的平面图,图 5-2 为反滤回灌井的竖向剖面图,图 5-3 为反滤回灌井井盖的平面图,图 5-4 为反滤回灌井井盖的竖向剖面图,图 5-5 为反滤回灌井托盘的平面图,图 5-6 为反滤回灌井托盘的竖向剖面图。

2.回灌池设计的基本原则

从第三章可知:回灌池中砂反滤层的垂向流控制着反滤回灌井单井回灌量的大小,回灌池砾石反滤层和回灌井井盖也会产生一定的水头损失,并影响反滤回灌井单井回灌量的大小,因此回灌池是影响反滤回灌井单井回灌量的重要因素,合理设计回灌池对于提高反滤回灌井的单井回灌量具有重要的实际意义。

根据反滤回灌井稳定流的理论、现场回灌试验的成果,以及作者分析研究的结论,提出以下回灌池设计的基本原则:

第一,回灌池应具有过滤回灌水中泥沙、漂浮物等各种杂质的能力,回灌水能够通过回灌池渗入回灌井内,并由此进入含水层。

第二,回灌池内反滤料不能通过井盖落入井内,以防止回灌井堵塞和降低反滤回灌井的单井回灌量。

第三,回灌池自身应具有一定的防淤和抗冲能力。一般来说,反滤回灌井位于河道或渠道中,回灌池承受水流的冲击,因此回灌池应具有一定的抗冲能力,防止被水流冲毁,而丧失了反滤功能。另外,对于河水流速缓慢的河段,河水中各种杂质会淤积在回灌池反滤层表面,淤积堵塞回灌池,影响回灌池的渗入量,从而大幅度降低反滤回灌井的单井回灌量,因此回灌池应具有一定的防淤能力。

第四,回灌池应有足够的过水能力。反滤回灌井是一种回灌设施,如果由于回灌池过小而大幅度地降低反滤回灌井的单井回灌量,就会影响回灌总量和回灌效果,增加工程投资,减少地下水补给量,因此回灌池应有足够的过水能力。

此外,在设计回灌池时,还应进行优化设计,做到技术可行、投资最省。

3.回灌池反滤结构的设计

从本质上来讲,回灌池反滤结构属于一种反滤设计,被保护土与反滤层之间遵循同样的滤层准则。但与一般的反滤设计不同,回灌池反滤设计具有以下三个特点:

(1)回灌池反滤设计不是为了防止被保护土的渗透破坏,而是为了防止回灌水中杂质进入含水层。

(2)回灌池的反滤结构具有双重功能,既要过滤回灌水中的杂质,又要防止回灌池反滤料通过井盖落入井内,堵塞回灌井。

(3)对于反滤回灌井而言,一般都是利用河水作为回灌水源,河水除对回灌池有一定的冲击作用外,还含有各种泥沙、漂浮物等杂质,而且杂质粒径变化范围较大,因此回灌池表层易受到冲击或淤积。

回灌池反滤结构的作用是过滤回灌水中的杂质,将未污染的水通过回灌井回灌池送入回灌井内。因此,从回灌池的功能考虑,反滤结构一般应有两层,其上部反滤层应能过滤回灌水中杂质,防止杂质通过反滤层落入井内和进入含水层,由于回灌水中杂质粒径范围较广,存在细颗粒,能够过滤细颗粒的反滤层也能过滤更粗的颗粒,因此上部反滤料一般为砂一类的颗粒。下部反滤层应能防止反滤材料通过井盖的孔口落入井内,避免堵塞回灌井,由于井盖开孔直径一般为 1~2 cm,因此下部反滤料一般为砾一类的粗颗粒。另外,根据上、下反滤层粒径差别的大小确定是否需要增加中间反滤层。一般情况下,不需要中间反滤层,两层反滤层就能满足要求。

含水层有砂含水层和砾石含水层等多种类型,由于砾石含水层具有较大的孔隙,从理论上讲,细小颗粒可以堵塞砂含水层,但不一定能堵塞砾石含水层。从这一点来说,对于砾石含水层可以采用介质粒径较大的反滤层,如果直接用单一的砾石反滤层,将会获得更大的回灌能力。但是,由于地下水库一般是一个相对封闭的地下空间,进入含水层的细颗粒虽不会在回灌井四周淤积堵塞,但会淤积在地下水库库区内,会减小地下水库的库容,因此对砾石含水层来说,上部反滤层也应该按砂含水层考虑,但标准可以适当放宽。

上部反滤层的设计还应考虑回灌水中所含杂质的情况,如果回灌水比较清,不含泥沙,可能含有漂浮物,即使汛期洪水也很少含有杂质,这时,为了扩大回灌能力,可选用单一的砾石反滤层。

一般而言,对于中粗砂含水层,上部反滤层的设计应遵循细小颗粒均应被拦在反滤层之外(不能进入含水层)的原则,反滤料的粒径一般应满足太沙基滤层准则[26],即式(5-10);也可直接选用等同于或略小于含水层颗粒粒径的中粗砂。对于砾石含水层,上部反滤层可直接选用粗砂反滤层或应参照中粗砂含水层选择反滤层的原则,即按式(5-10)。

$$\frac{d_{15}}{d_{\mathrm{sig5}}} \leqslant 4 \qquad (5\text{-}10)$$

式中　d_{15}——砂反滤层的特征粒径,mm,指小于该粒径的颗粒占全部颗粒重量的百分比为 15%；

$d_{si_{85}}$——河水中淤泥的特征粒径，mm，指小于该粒径的颗粒占全部颗粒重量的百分比为 85%。

上部反滤层的厚度除应按一般的方法确定滤层的厚度外，还应考虑施工的因素。按一般的方法，上部反滤层的厚度 m_f 应满足式(5-11)[27]；考虑施工因素，人工铺填时上部反滤层的厚度不应小于 30 cm。

$$m_f \geqslant (6 \sim 8)d_{85} \tag{5-11}$$

式中　d_{85}——砂反滤层的特征粒径，mm，指小于该粒径的颗粒占全部颗粒重量的百分比为 85%。

下部反滤层的作用是承上启下，接受上部反滤层的来水，将来水通过井盖送入井内，并防止上部反滤层的颗粒落入井内。因此，选择下部反滤层粒径的原则应考虑上部反滤层粒径的大小和井盖开孔的大小。通常下部反滤层为砾石料，其粒径的大小由下面两个条件决定，第一个条件是将上部反滤层作为被保护土，下部反滤料的选择应满足太沙基滤层准则[27]，即式(5-12)；第二个条件是下部反滤料的粒径应大于井盖开孔的孔径(一般井盖开孔直径为 1 ~ 2 cm，开孔率为 15% ~ 20%)，但不宜过大，按式(5-13)控制。因此，下部反滤层的粒径由式(5-12)和式(5-13)共同确定。

$$\frac{D_{15}}{d_{85}} \leqslant 4 \tag{5-12}$$

$$D \geqslant 1 \sim 2 \text{ cm} \tag{5-13}$$

式中　D_{15}——砾石反滤层的特征粒径，mm，指小于该粒径的颗粒占全部颗粒重量的百分比为 15%；

D——砾石反滤层的粒径，mm。

下部砾石反滤层的厚度除应按一般的方法确定外，还应考虑施工因素和水流流态。按一般的方法，其厚度 m_{st} 应满足式(5-14)[27]；考虑滤层施工的因素，人工铺填时下部砾石反滤层的厚度不应小于 30 cm；考虑水流流态，上部反滤层与回灌井井口应连接平顺、光滑，不宜突变。

$$m_{st} \geqslant (6 \sim 8)D_{85} \tag{5-14}$$

式中　D_{85}——砾石反滤层的特征粒径,mm,指小于该粒径的颗粒占全部颗粒重量的百分比为85%。

4.回灌池形状和大小的设计

1)回灌池形状的设计

目前,回灌池的外形一般为倒立的四方台或圆柱形。

从水流流态来讲,回灌池竖向剖面形状应平顺、流畅,反滤层的竖向断面也应均衡、逐渐变化,因此可选用直线形或曲线形的竖向剖面。从反滤结构和过流能力来讲,由于上部反滤层一般为砂,下部反滤层一般为砾石,而砾石的渗透系数一般为砂的10倍以上,因此从过流能力来看,砾石的过水断面应为砂的过水断面的1/10左右。

因此,从水流流态、反滤结构和过流能力的角度来讲,比较理想的竖向剖面是上大下小的漏斗形或盆形结构,应优先选择漏斗形或盆形回灌池。不足之处是漏斗形和盆形结构的回灌池施工难度较大。

2)回灌池横断面尺寸的设计

从过流能力来讲,回灌池横断面面积设计得越大越好,但由于回灌井的井口尺寸有限,过大的横断面面积会影响回灌池内水流的流态,影响回灌效率,经济上也不合理。下面探讨经济合理地确定回灌池横断面的方法。

设计回灌池横断面时,应考虑的因素有普通回灌井回灌量的大小(与井的结构、含水层的渗透性和厚度、地下水位等因素有关)、回灌井的直径、回灌井井盖的结构和反滤层的粒径、渗透性等。

在第三章第四节承压－潜水含水层完整反滤回灌井中,介绍了反滤回灌井的工程实例。反滤回灌井回灌池为一倒四方台形,其顶、底分别为3 m×3 m和2 m×2 m方形断面,回灌池底部的面积约为回灌井的8倍,回灌池顶部的面积约为回灌井的18倍。在这种情况下,按反滤回灌井的稳定流理论计算,β_{cu}取1时的单井回灌量为615.5 m³/d;若不考虑反滤层的作用按普通回灌井井流理论的计算,单井回灌量为891.3 m³/d,说明反滤回灌井中的回灌池降低了单井回灌量。若回灌池面积扩大1倍,则单井回灌量为727.9 m³/d,单井回灌量增加18.3%;若回灌池面积扩大2倍,则单井回灌量为775.1 m³/d,单井回灌量增加 25.9%,同前者相比,增幅为 7.6%;说明回灌池面积扩大 1 倍时,单井回灌量增加的幅度最大,但当回灌池面积继续扩大时,单井回灌量增幅迅速减小,从这一点来看,回灌池面积扩大 1 倍的效果最好。

又如第三章第四节承压含水层非完整反滤回灌井,介绍了反滤回灌井的工程实例。反滤回灌井回灌池为一直径 1.4 m 的圆柱形,回灌池顶、底部的面积均为回灌井面积的 3 倍左右。在这种情况下,按反滤回灌井的稳定流理论计算,β_{pc} 取 1 时的单井回灌量为 221.70 m^3/d;若不考虑反滤层的作用按普通回灌井井流理论计算,则单井回灌量为 734.42 m^3/d,说明回灌池的过水断面严重影响反滤回灌井的单井回灌量。若将回灌池面积扩大 1 倍,则单井回灌量为 342.35 m^3/d,单井回灌量增加 54.4%;若将回灌池面积扩大 2 倍,则单井回灌量为 418.22 m^3/d,单井回灌量增加 88.6%;说明回灌池面积扩大 1 倍时,单井回灌量有大幅度的提高,当回灌池面积继续扩大时,增幅仍然不小,同第三章第四节承压 – 潜水含水层完整反滤回灌井的实例的结果相比,说明所选用的回灌池的面积偏小。

从上述反滤回灌井实例的分析结果来看,回灌池顶部砂反滤层的横断面面积偏小;砾石反滤层的横断面面积是砂反滤层的 0.44 ~ 1 倍,而一般砾石的渗透系数为砂的 10 倍以上,相应砾石的过流能力亦为砂的 10 倍以上,因此从过流能力来看,砾石反滤层的横断面明显偏大。第三章第四节实例中的回灌池砂横断面太小,严重影响了反滤回灌井的回灌能力。

根据第三章第四节承压 – 潜水含水层完整反滤回灌井实例的分析,当回灌池面积扩大 1 倍时,单井回灌量提高的幅度最大,由此确定砂反滤层的横断面面积应在原横断面的基础上扩大 1 倍左右,取回灌井横断面面积的 35 倍左右;砾石的过流能力略为保守的考虑,可以按砂的 5 倍考虑,由此可以确定砾石反滤层的横断面面积应为回灌井横断面面积的 7 倍左右。

由于影响反滤回灌井单井回灌量的因素很多,上述确定反滤层的横断面面积的方法仅供参考。

5.回灌池的防冲和防淤设计

反滤回灌井回灌池淤积堵塞的程度和受河流冲刷的程度与河流纵坡坡降、反滤回灌井在河流中所处的位置等因素有关。反滤回灌井回灌池防淤和防冲的方式多种多样,一般可采用增加回灌池防冲池壁的方法来增强反滤回灌井的抗冲性能,采用抬高回灌池顶面高程的方法来增强反滤回灌井的防淤能力。

如图5-7和图5-8所示,可采用混凝土防冲管作为回灌池防冲池壁的方法来增强回灌池的抗冲能力和防淤能力。混凝土防冲管管顶高程和埋深主要根据水流的流速、冲刷能力、河床土层的抗冲能力来确定,防冲管的形状应根据回灌池的外形确定,防冲管的材料也可以选择浆砌石等其他种类的材料。在确定混凝土防冲管管顶高程时,应使防冲管管顶离开河床床面一定的高度,即使防冲管管顶高于河床,这样一方面使回灌池的顶端受到河水冲刷,另一方面使回灌池的顶端高于河床淤泥的高度,这样不仅便于清淤,还相应地提高了回灌池的防淤能力。

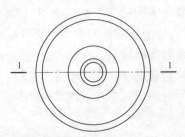

图 5-7　防淤和防冲型反滤回灌井平面图

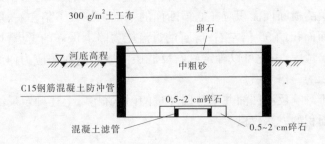

图 5-8　防淤和防冲型反滤回灌井剖面图

如图 5-9 所示,采用混凝土防冲管为变截面防淤和防冲型反滤回灌井,这种混凝土防冲管考虑了砂反滤层和砾石反滤层过流能力的差别,缩小了砾石反滤层过水断面,可以减少回灌池的工程造价。

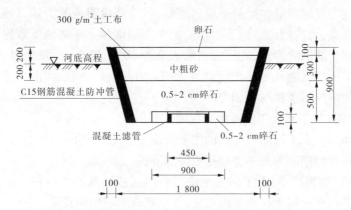

图 5-9　变截面防淤和防冲型反滤回灌井剖面图

(三)反滤回灌渗渠的设计

反滤回灌渗渠适用于上覆弱透水层较薄的情况,其作用是挖穿地表弱透水层或隔水层,建立地表水和地下水联系的通道。

反滤回灌渗渠有两种:一种是单纯的反滤回灌渗渠,另一种是带有人工反滤回灌井的复合型反滤回灌渗渠。

反滤回灌渗渠通常垂直于河流方向布置,采用人工或机械开挖的方式,挖成渠宽约 2 m、渠长等同于河道宽度、渠深进入含水砂层的渠道。反滤回灌渗渠渠内回填砾石、砂反滤料,其表层为砂反滤层。反滤回灌渗渠的渠间间距一般为 25 m 左右。

复合型反滤回灌渗渠除有一条垂直于河流方向的反滤回灌渗渠外,还在渠道两端布置两个人工反滤回灌井(人工开挖的、较浅的反滤回灌井,适用于地表弱透水土层厚度小于 5 m),或在渠道两端和内部布置多个反滤回灌井,以增大反滤回灌渗渠的回灌量。人工反滤回灌井为直径 2 m、深不超过 5 m,渗井挖穿地表黏土隔水层,并深入到砂层内 1~2 m,人工反滤回灌井内回填砂砾石反滤料。

对于表层有较薄弱透水层、下有含水层和弱透水层互层的地层结构,复合型反滤回灌渗渠中的人工反滤回灌井也可用机械成孔的反滤回灌井,并使反滤回灌井打穿含水层和弱透水层互层的地层结构,以增大回灌量。

至于反滤回灌渗渠的单渠回灌量,目前还没有成熟的计算理论和计算方法,可参照已建地下水库确定单渠回灌量。王河地下水库采用复合型反滤回灌渗渠,其反滤回灌渗渠长 80 m、宽 2 m、深 2~3 m,两端人工反滤回灌井直径 2 m、深 4~9 m,通过现场试验,实测反滤回灌渗渠的单位回灌量约为 217 m^3/d。

(四)地下水人工回灌中存在的主要问题

地下水人工回灌中存在的主要问题是回灌工程的淤积和堵塞,回灌工程淤积堵塞的主要类型和原因如下:

(1)物理堵塞,由于回灌水中含有的泥沙和悬浮物质在入渗过程中被阻截在地层表层而形成泥皮,并堵塞含水层中的孔隙。

(2)气相堵塞,因回灌水中含有气泡,地表水和地下水存在水温差,气泡在含水层中以封闭的形式堵塞孔隙,形成空气帷幕,降低了入渗能力。

(3)生物堵塞,回灌水中含有藻类等微生物,微生物的繁殖堵塞岩层表面和孔隙,使回灌入渗量逐渐衰减。

(4)化学堵塞,回灌水进入地层后,破坏了原有的离子平衡,并发生了化学反应,可能产生一些不易溶解的沉淀物。

目前,解决回灌工程堵塞的常用方法是回灌工程的定期清淤和回扬洗井。遗憾的是,不少地下水库的回灌工程缺乏应有的维护和保养,建成后仅注重回灌工程的使用,而不进行定期的清淤和回扬洗井,致使不少回灌工程在运行 1~2 年后就淤积堵塞严重,基本丧失了回灌工程的回灌能力。

四、其他回灌建筑物的设计

其他回灌建筑物的设计主要包括回灌引水建筑物的设计和河道拦蓄建筑物的设计。

（一）回灌引水建筑物的设计

回灌引水建筑物的设计主要包括回灌引水用的回灌引水闸、回灌引水渠道、回灌引水管道等。

回灌引水建筑物的作用是将河水引入布置在河道以外的回灌设施，或将外水引入地下水库库区内。一条完整的回灌引水建筑物包括回灌引水闸、回灌引水渠道、回灌引水管道、回灌设施、回灌穿路涵闸、回灌出水闸等。回灌引水建筑物中的回灌引水闸、回灌引水管道、回灌穿路涵闸、回灌出水闸等建筑物的设计与相应的渠系建筑物的设计一样，不再详述。回灌引水渠道的设计与普通引水渠的类似，但也有差别，下面简单介绍回灌引水渠道与普通引水渠的主要差别。

回灌引水渠一般可划分为三类，一是为渠道内回灌设施提供水源的专用回灌引水渠道，二是为某一大型回灌池提供水源或为地下水库引入客水的回灌引水渠道，三是综合型回灌引水渠道。

对于只引水、渠道内无回灌设施的回灌引水渠道，设计回灌引水渠道时应采用防渗渠道，并严禁将污水引入回灌引水渠内，其渠线选择、渠道设计与普通引水渠一样，回灌引水渠道的详细设计可参照相关内容。

对于既引水、渠道内也有回灌设施的回灌引水渠，其渠线选择、渠道设计与普通引水渠类似，但应注意以下几点：

（1）回灌引水渠渠线选择的基本原则是：①回灌引水渠渠线一般应沿库区内深厚含水层方向延伸，回灌引水渠渠首一般应垂直于所引水河道的流向；②在满足回灌输水任务的情况下，渠道断面设计应符合工程量最小、工程造价最低的原则；③渠线穿过地形起伏的不平坦地区或丘陵地区时，其线路可大致沿等高线布置，尽量避免深挖方和高填方；④回灌引水渠渠线穿越铁路、公路、河流、沟渠时，尽量正交，应避免穿越较大的居民点等；⑤回灌引水渠渠道需要转弯时，弯道半径应选最大的允许半径。

（2）回灌引水渠渠道比降应选用较缓的坡度。

（3）回灌引水渠渠引水流量取决于回灌需求量和渠道损失量。

（4）回灌引水渠渠内回灌井的布置，一般应按单井考虑，但对于回灌需求量较大的工程，可缩小井距，按干扰井考虑。

(5)应严禁污水进入回灌引水渠内,以防回灌水源受到污染。

(二)河道拦蓄建筑物的设计

回灌用河道拦蓄建筑物主要包括拦河闸、橡胶坝等挡水建筑物,其目的是抬高或多蓄存河水,以增加入渗回灌量。回灌用河道拦蓄建筑物与普通河道拦蓄建筑物一样,没有太大区别,但回灌用河道拦蓄建筑物设计时应注意一点,回灌用河道拦蓄建筑物应配置冲淤闸,用于河道拦蓄建筑物上游河道冲淤,以防河道拦蓄建筑物上游河道过度淤积,从而影响河道回灌入渗能力。回灌用河道拦蓄建筑物设计可参考与普通河道拦蓄建筑物设计相关的内容。

第三节　开采工程设计

一、开采工程建筑物的类型

在地下水库建筑物中,用于提取地下水的建筑物称为地下水库开采建筑物。地下水库开采建筑物主要包括垂直取水建筑物和水平取水建筑物两类,其中垂直取水建筑物主要指开采井,水平取水建筑物主要指集水廊道。

(一)垂直取水建筑物

垂直取水建筑物,即开采井,其延伸方向一般与地表垂直,适用于各种地下水埋藏条件和开采条件。地下水库常用开采井的类型主要是管井和轻型井。

管井是一种直径相对较小、深度相对较深,井壁采用混凝土管、塑料管、钢管、铸铁管等各种管材加固井壁的井型。管井的直径一般为200~450 mm。管井适用于各种岩层和地层结构。

轻型井是一种直径较小、深度较浅,用塑料管等轻质管材加固井壁的井型。轻型井一般采用直径为75~150 mm的孔径。轻型井适用于地下水位埋深较浅(一般小于5 m)的地层。

(二)水平取水建筑物

水平取水建筑物一般指水平截潜流工程,即集水廊道。水平取水建筑物是指在河底的砂卵石层内沿垂直河道主流方向修建一集水廊道,将地下水汇集并引入集水井后,再输送给用户。水平取水建筑物主要适用于含大量砂卵石的间歇性河流的中上游地带,也可用于间歇性河流的下游地带。

二、开采工程建筑物设计

(一)开采建筑物设计的基本原则

开采建筑物设计的基本原则如下:

(1)根据含水层结构、回灌工程布局以及库区用水特点,合理规划布置开采建筑物,避免盲目开采;

(2)灌溉用水应考虑灌区作物的用水特点,结合含水层的特点,分散布置;

(3)城市和工业用水应布置在深、厚含水层上,尽量布置于回灌工程的下游;

(4)开采建筑物应与回灌设备或回灌建筑物保持一定距离,一般抽水点离回灌点水平距离不少于 150 m,回灌水应在含水层中停留一定的时间,并流经适当的距离。

(二)垂直取水建筑物设计

垂直取水建筑物的井型主要取决于库区水文地质条件和技术经济条件,同时应考虑计划开采含水层的埋深、厚度、岩性以及地下水的水质等因素。在选择地下水库垂直取水建筑物时,一般优先选择管井和轻型井。垂直取水建筑物的内容主要参考文献《地下水利用》[28]。

1.管井设计

管井亦称机井,是一种直径相对较小、深度较大,井壁采用混凝土管、塑料管、钢管、铸铁管等各种管材加固井壁的井型。管井通常适用于各种岩层和地层结构。

管井井径的选择主要取决于含水层的结构和灌溉用水量的大小,管井的直径一般为 200～450 mm,也有超过 450 mm 的。管井的深度视水文地质条件而定,一般应进入主要含水层或打穿主要含水层。

管井的结构形式多种多样,一般的管井结构如图 5-10 所示。管井可分为井口、井身、进水部分和沉砂管四部分。

接近地表的管井部分称为井口。井口设计应考虑以下几点:

(1)井口周围应用黏土或水泥等不透水材料封闭,并夯实,用以防止地表污水进入井内,以及防止地面因承重和抽水震动而沉陷。

(2)井管管口要高出地面 0.3 m 以上,以便于安装水泵和密封连接。

(3)当井口为封闭形式时,应预留一直径为 30～50 mm 的井中水位观测孔。

管井井口以下至进水部分之间的一段井柱称为井身。井身本身是不进水的,因此常采用各种密实的井管加固。如果井身所在部位的岩层是坚固稳定的,也可不用井管加固。但如果要求隔离有害的和不开采的含水层,则仍需下入井管,并在管外用封闭物止水。为防井壁坍塌,还要求井管要有足够强度。另外,井身部分常是安装各种水泵和管的处所,故对井身的倾斜程度有要求。根据有关规范要求,当井深在 100 m 以内时,井身倾斜角度不能超过 1°;井深超过 100 m 的井段,每 100 m 井身倾斜角度不得超过 1.5°。

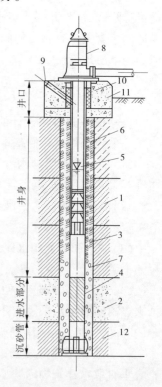

1—非含水层;2—含水层;3—井壁管;
4—滤水管;5—泵管;6—封闭物;
7—滤料;8—水泵;9—水位观测孔;
10—护管;11—泵座;12—隔水层

图 5-10　管井结构示意图

管井的进水部分是管井的心脏部分。管井进水部分的结构合理与否,直接影响着管井的质量和使用寿命,是管井的最重要部分。除坚固的裂隙岩层外,松散含水层和比较破碎的基岩含水层均需安装滤水管。滤水管的安装位置应根据水文地质条件确定,若含水层集中,可安装一整段;当数层含水层之间相隔较远时,则滤水管要对应含水层分段安装。滤水管的长度应根据含水层厚度来确定,当含水层厚度小于 10 m 时,滤水管长度应与含水层厚度一致;当含水层厚度大于 10 m 时,滤水管的安装可重点考虑抽水过程中的主要进水部位,但一般不应小于含水层厚度的 80%。

沉砂管的用途是为抽水过程中随水带进井内的砂粒(未能随水抽出的部分)留出沉淀的空间,以备定期清理。沉砂管安装于滤水管的下端,其长度主要是根据井深和含水层颗粒大小而定。一般当井深小于 30 m 时,沉砂管长 3 m;当井深为 30~100 m 时,沉砂管长 5 m;当井深大于 100 m 时,沉砂管长 5~10 m。

2. 轻型井设计

轻型井是指直径小、深度不大,用塑料管等轻质管材加固井壁的井型。轻型井直径一般为 75~150 mm,深度多为 10~30 m,最深不超过 50 m。

轻型井适用于地下水位埋深较浅(一般埋深小于 5 m)的地层。

轻型井既可用于农业灌溉,也可以用于人畜供水和乡镇企业生产用水。轻型井具有造价低(为普通管井造价的 1/8~1/3)、施工速度快、构造简易的特点,发展前景较为广阔。

3. 开采井工程规划

1) 井距

开采井的井距主要取决于含水层的结构。一般按单井布置开采井,尽量避免开采井之间的相互干扰。开采井布置的方式一般有正方形或三角形。

正方形网状布置的开采井井距按式(5-15)计算。

$$D = 25.8\sqrt{F_0} \tag{5-15}$$

式中　D——井距,m;

　　　F_0——单井灌溉面积,亩❶。

三角形网状布置的开采井井距按式(5-16)计算。

$$D = 27.8\sqrt{F_0} \tag{5-16}$$

---

❶　1 亩 = 1/15 hm²,全书同。

2）井数

开采井的数量主要取决于含水层的结构和灌溉用水量。确定开采井数量的方法有两种：单井控制灌溉面积法和可开采模数法。

单井控制灌溉面积法按式（5-17）计算井数。

$$n = \frac{F_4 \eta''}{F_0} \tag{5-17}$$

式中　n——规划区需建井数，眼；

　　　　F_4——规划区总面积，亩；

　　　　F_0——单井灌溉面积，亩；

　　　　η''——土地利用率，以小数计。

当按式（5-15）~式（5-17）确定井距、井数时，还需用典型年的应开采量（需水量）进行校核，通常采用灌溉用水保证率为75%的干旱年作为典型年。典型年的开采量应等于或略大于典型年的应开采量，如果典型年的开采量小于典型年的应开采量，表示计算的井数不能满足典型年开采地下水的需要，需要补井。

可开采模数法按式（5-18）计算井数，当按正方形网状布置开采量时，其可开采模数法井距按式（5-19）简化计算，该法适用的前提条件是计划的开采量应等于地下水允许开采量。

$$n = \frac{\varepsilon F_5}{Q t_3 T_a} \tag{5-18}$$

式中　n——规划区需建井数，眼；

　　　　ε——开采模数，$m^3/(km^2 \cdot 年)$，可根据计算区地下水补给量与含水层面积之比，或类似井灌区开采量与稳定的开采水位降落漏斗面积之比确定；

　　　　F_5——规划区灌溉面积，km^2；

　　　　Q——单井出水量，m^3/h；

　　　　t_3——单井每日抽水小时数，h/d；

　　　　T_a——灌溉天数，$d/年$。

$$D = 1\,000 \sqrt{\frac{1}{n}} \tag{5-19}$$

3）井群和井网布置

井群和井网布置的基本原则是依据《机井技术规范》（SL 256—2000），主要考虑三点：

第一，井位应根据具体条件选定，水力坡度较大的地区，沿等水位线交错布井；水力坡度平缓的地区，应采用梅花形或网络形布井；富水区宜集中布井。

第二，地面坡度大或起伏不平的地区，井位应布在高处；地势平缓地区，井位宜居中；沿河地带，井位应平行河流布置。

第三，布井应与输电线路、道路、林带、排灌渠系统布设统筹安排。

井群布置应根据水文地质条件和自然地理条件的不同，采用不同的布置方式。在布置井群时，应结合回灌工程的布置，开采井群应距回灌井一定距离，或开采井群沿回灌工程下游布置。井群布置的方式通常有直线形、三角形和环形。直线形井群常布置在河流岸边、古河道和山前溢出带附近。三角形和环形井群常布置在池塘和洼地四周，以便增加诱发补给，进而增大井群出水量。

在地形平坦且含水层分布比较广阔的大型井灌区，常采用梅花形布置井网，梅花形即等边三角形。在井网中，开采井多独立自成体系，少数也有数井汇流者；井网布置除依据计算井距作为基本布井参数外，还应结合农田基本建设规划和其他因素对计算井距进行适当修正。

⒋井渠双灌工程规划

纯井灌区的规划原则与计算方法同样适用于井渠结合区。井渠结合区分为以井灌为主的井渠结合区和以渠灌为主的井渠结合区。

对于以井灌为主的井渠结合区，在规划时必须对地表水和地下水资源综合调节利用，按总的可利用水资源规划可灌溉面积，按类似纯井灌区布置井网，再布置地表水灌溉的渠道系统，二者布置应统一考虑，互相照应，已达尽可能协调。

对于以渠灌为主的井渠结合区，应考虑地表水和地下水资源综合调节利用，要充分考虑利用地下水资源，宜将地表水主要调配于高地和地下水资源贫缺或开采条件较差的地区；对地下水丰富、地下水位较高和开采条件较好的地区，应以井灌为主。渠系应全灌区布置，井点主要沿渠系布置,以渠养井,以井补渠。

(三)水平取水建筑物

水平取水建筑物(即集水廊道)主要适用于含大量砂卵石的间歇性河流的中上游地带,也可用于间歇性河流的下游地带。水平取水建筑物的内容主要参考文献《地下水利用》[28]。

1.水平取水建筑物的类型和组成

集水廊道的类型主要有完整式和非完整式。完整式集水廊道是将地下径流完全截拦,适用于砂卵石厚度不大的河床中,完整式水平取水建筑物参见图5-11。非完整式水平取水建筑物是未将地下径流完全截拦,适用于砂卵石含水层厚度较大或水量较充足的河床中,非完整式水平取水建筑物可分为明沟式、暗管式和盲沟式,非完整式水平取水建筑物参见图5-12。

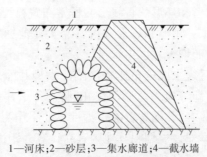

1—河床;2—砂层;3—集水廊道;4—截水墙

图5-11　完整式水平取水建筑物

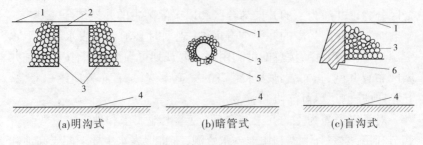

(a)明沟式　　　　　　(b)暗管式　　　　　　(c)盲沟式

1—河床;2—盖板;3—滤料;4—隔水层;5—集水管;6—挡水墙

图5-12　非完整式水平取水建筑物

水平取水建筑物通常由进水部分、输水部分、集水井、检查井和截水墙五部分组成。其中,截水墙是截潜流工程的主要部分,截水墙实为地下拦河坝。一般水平取水建筑物布置方式参见图5-13。

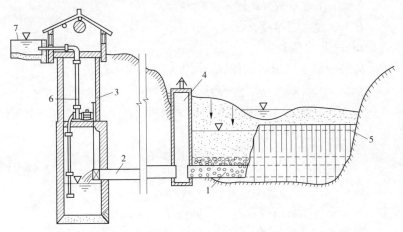

1—进水部分;2—输水部分;3—集水井;4—检查井;5—截水墙;6—水泵;7—出水池

图5-13 水平取水建筑物工程结构示意图

2.河道无水时水平取水建筑物出水量计算

1)完整式水平取水建筑物出水量计算

河道无水时完整式水平取水建筑物出水量计算简图见图5-14,出水量计算公式参见式(5-20)。

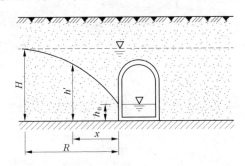

图5-14 河道无水时完整式水平取水建筑物

$$Q = KL \frac{H^2 - h_0^2}{2R} \tag{5-20}$$

式中　Q——出水量，$\mathrm{m^3/d}$；

　　　　K——渗透系数，$\mathrm{m/d}$；

　　　　H——含水层厚度，m；

　　　　L——集水段长度，m；

　　　　h_0——集水廊道内水深，$h_0 = (0.15 \sim 0.30)H$，m；

　　　　R——影响半径，$R = 2s\sqrt{KH}$，$\mathrm{m/s}$。

　　当集水段长度 L 小于 50 m 时，应考虑集水段两端辐射流对出水量的影响，可用式（5-21）计算。

$$Q = 1.364K \frac{H^2 - h_0^2}{\lg \dfrac{R}{r_\mathrm{w}}} \tag{5-21}$$

式中　r_w——与集水段等效的引用半径，$r_\mathrm{w} = 0.25L$，m；

　　　　其他符号意义同前。

　　2）非完整式水平取水建筑物出水量计算

　　河道无水时非完整式水平取水建筑物出水量计算简图见图 5-15，出水量计算公式参见式（5-22）。

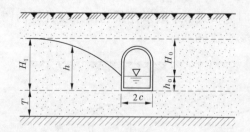

图 5-15　河道无水时非完整式水平取水建筑物

$$Q = KL \frac{(H_1 + T)^2 - (h_0 + T)^2}{2R} \beta \tag{5-22}$$

式中　β——修正系数，当 $h_0 = T$ 时，$\beta = \sqrt{\dfrac{h' + 0.5c}{h_0 + T}} \sqrt[4]{\dfrac{2(h_0 + T) - h'}{h_0 + T}}$；

当含水层厚度较大时,取 $h' = 2(T + h')$;

　　h'——集水廊道内水深,m;

　　h_0——集水廊道底部到集水廊道水位的距离,m;

　　c——集水廊道宽度的一半,m。

3. 河道有水时水平取水建筑物出水量计算

1) 完整式水平取水建筑物出水量计算

河道有水时完整式水平取水建筑物出水量计算简图见图 5-16,出水量计算可由阿拉薇娜·努美诺夫完整式渗渠产水量公式计算,参见式(5-23) ~ 式(5-25)。

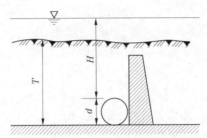

图 5-16　河道有水时完整式水平取水建筑物

$$Q = \alpha L K q_r \tag{5-23}$$

$$q_r = \frac{H - H_0}{A} \tag{5-24}$$

$$A = 0.37 \lg \cot\left(\frac{\pi}{8} \times \frac{d}{T}\right) \tag{5-25}$$

式中　α——与河水混浊度有关的校正系数,当河水较大混浊时取0.3,当河水中等混浊时取0.6,当河水较小混浊时取0.8;

　　T——河床透水层的厚度,m;

　　L——集水管长度,m;

　　d——集水管直径,m;

　　H——集水管顶上水头,m;

　　H_0——集水管外对应管内剩余压力的水头高度,m。

2) 非完整式水平取水建筑物出水量计算

河道有水时非完整式水平取水建筑物出水量计算简图见图 5-17,

出水量计算公式参见式(5-26)~式(5-28)。

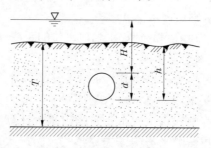

图 5-17　河道有水时非完整式水平取水建筑物

$$Q = \alpha L K q_{\mathrm{r}} \tag{5-26}$$

$$q_{\mathrm{r}} = \frac{H - H_0}{A} \tag{5-27}$$

$$A = 0.37\lg\left[\tan\left(\frac{\pi}{8} \times \frac{4h - d}{T} \right) \cot\left(\frac{\pi}{8} \times \frac{d}{T} \right) \right] \tag{5-28}$$

式中　h——河床到集水管管底的深度,m;

　　其余符号意义同前。

当 T 值极大时,A 值可采用式(5-29)简化计算。

$$A = 0.37\lg\left(\frac{4h}{d} - 1 \right) \tag{5-29}$$

4. 水平取水建筑物设计要点

水平取水建筑物工程设计的关键是截水墙位置的选择。确定截水墙位置时,一般考虑以下几点:

(1)水量、水质要求;

(2)地形要求,最好在狭窄的河段,也要考虑用水的方便;

(3)含水层厚以 3~5 m 为宜,以降低造价;

(4)建筑材料应就地取材。

水平取水建筑物平面布置要点如下:

(1)截水墙一般与河道的主流方向垂直;

(2)为便于管理和检修,多将集水井、检查井、输水部分布置于河道一侧,另一侧不设任何工程建筑。

第四节　其他工程设计

地下水库其他工程设计是指地下水泄水建筑物设计、潮水拦截建筑物设计、地表排污工程设计、地表水处理工程设计、库内残留咸水体处理工程设计等。

一、地下水泄水建筑物设计

地下水泄水建筑物是指用于排泄超出地下校核水位以上的多余地下水的专门泄水建筑物，或指根据地下水库运行要求需要排泄库区地下水的专门泄水建筑物。地下水泄水建筑物可采用以下三种方式：利用地下坝兼作地下水泄水建筑物、利用开采建筑物兼作地下水泄水建筑物和设计专门的地下水泄水建筑物。

（一）利用地下坝兼作地下水泄水建筑物

利用地下坝兼作地下水泄水建筑物的主要方式是限制地下坝的坝顶高程，地下坝坝顶就是地下水泄水建筑物的溢流堰，超出地下坝坝顶高程的地下水自然排泄。这种方式的地下水泄水建筑物无须新建专门的泄水建筑物。

（二）利用开采建筑物兼作地下水泄水建筑物

利用开采建筑物兼作地下水泄水建筑物，将库水通过开采建筑物抽排地下水，并将抽出的地下水通过专门的输水渠道排出库区。这种方式的地下水泄水建筑物也无须新建专门的泄水建筑物，但泄水成本较高。

（三）设计专门的地下水泄水建筑物

设计专门的地下水泄水建筑物，以排泄超出地下校核水位以上的多余地下水，或根据需要排泄库水。专门的地下水泄水建筑物类似于地表水库的溢洪道，在地下设一个可控制地下水泄流的建筑物。当然，目前还未有专门的地下水泄水建筑物，有关专门地下水泄水建筑物的结构细节还需进一步的研究。

二、潮水拦截建筑物设计

潮水拦截建筑物主要指在河流入海口附近的河道上,通过建设闸、堰、坝等挡水建筑物,将潮水拦截在库区以外的河道上。

挡潮闸是最常用的一种挡水建筑物,通常具有挡潮、蓄水和泄洪或排涝等多种功能,是一种双向挡水建筑物。挡潮闸一般由闸室、上游连接段和下游连接段组成。

挡潮闸建筑物级别参照《水闸设计规范》(SL 265—2001)确定,其中位于挡潮堤上的挡潮闸,其建筑物级别不应低于挡潮堤的建筑物级别。

挡潮闸设计潮水标准、洪水标准和排涝标准参照《水闸设计规范》(SL 265—2001)确定。

挡潮闸闸址宜选择在岸线及岸坡稳定的潮汐河口附近,且闸址泓滩冲淤变化较小、上游河道有足够的蓄水容积的地点。

三、地表排污工程设计

地表排污工程设计指在地下水库库区内专门建设的河道截污工程、专用排污管道或专用防渗排污沟渠,专门用于收集库区内的各种污水,并将污水送入污水处理厂进行处理或直接将污水排出库区(地下水水流的下游方向)。

四、地表水处理工程设计

地表水处理工程主要指对收集的污水进行处理、净化的净水处理厂。

地表水处理标准取决于处理后中水的用途,如果处理后中水用于库区地下水回灌,则应考虑到库区含水层自然净化的能力,对回灌水水质提出具体的水质标准。一般而言,回灌水水质标准可参考饮用水的水质标准,采用略低于补给水的水质标准,原则上不低于地表水水质标准Ⅲ级或Ⅳ级(《地表水环境质量标准》(GB 3838—2002))的要求;如果处理后中水不用于库区地下水回灌,则可参照一般污水处理标准,将达标后的中水通过专用输水管渠送入库区外天然河道的下游。

五、库内残留咸水体等处理工程设计

库内残留咸水体等处理工程主要指专门用于处理建库前库内残留的咸水体(滨海区地下水库),以及处理建库前库内残留的其他有害化学成分的净水建筑物。

对于处理地下水库建库前库内残留咸水体等有害化学成分的净水建筑物设计,应根据残留咸水体的有害化学成分,采取专门的物理、化学或生物技术处理措施,并根据采取的技术处理措施设置和设计相应的净水建筑物,同时应避免产生新的有害化学成分。目前,已建地下水库处理库内残留咸水体等有害化学成分的办法是利用丰水年地下水外排库内残留咸水体,以及利用被动的、逐渐淡化的方法来稀释库内残留咸水体。

目前,尚未有地下水库库内残留咸水体等有害化学成分的处理工程,具体的地下水库库内残留咸水体等有害化学成分的处理工程还需进行专门的研究。

六、运行过程中新积存有害化学成分处理工程设计

运行过程中新积存有害化学成分处理工程设计主要指专门用于处理地下水库运行过程中新积存于库内有害化学成分的净水建筑物的设计。

随着地下水库的持续运行,在库区的下游会积存一些有害的化学成分,对这部分有害的化学成分,应根据积存的有害化学成分的特点,采取专门的物理、化学或生物技术处理措施,并根据采取的技术处理措施设置和设计相应的净水建筑物,同时应避免产生新的有害化学成分。

目前,已建地下水库中尚未有地下水库运行过程中新积存有害化学成分的处理工程。已运行地下水库,目前新积存的有害化学成分还十分有限,尚未发现运行过程中新积存有害化学成分对地下水库产生太大的影响。具体的地下水库运行过程中新积存有害化学成分的处理工程还需进行专门的研究。

第六章 王河地下水库工程设计

第一节 概 况

莱州市是山东省经济发达的地区,隶属山东省烟台市。自 20 世纪 90 年代以来,莱州市工农业经济迅速发展,综合经济实力跨入"中国农村综合经济实力百强县(市)"、"中国明星县(市)"和"全国财政收入百强县(市)"的行列。

莱州市位于山东半岛的西部,濒临莱州湾,属于暖温带东亚季风区大陆性气候。该区多年平均气温为 12.4 ℃,最高气温为 38.9 ℃,最低气温为 -17.0 ℃;多年平均降水量为 604.0 mm,最大降水量为 1 172.4 mm(1964 年),最小降水量 335.6 mm(1984 年);多年平均蒸发量为 2 039.6 mm,其中 5、6 月份蒸发量最大,是同期降雨量的 9~16 倍。流域内,冬季受西伯利亚气流控制,气候干燥,寒冷,少雨雪;夏季受华南水汽影响,气温较高,雨量集中,气候湿润;春季多风,干旱少雨;秋季天气凉爽;一年四季气候分明。王河入海口为基岩质海岸,潮汐特征属不规则半日潮,一昼夜有两次涨潮和落潮,高低潮相隔 6 h。

莱州市水资源贫乏,可利用水资源总量约为 21 726.6 万 m^3。为满足工农业用水和城镇生活用水需要,平均每年超采地下水 6 100 万 m^3,造成地下水位大幅度下降,引起海水入侵,1997 年海水入侵面积达 234.15 km^2,并继续以每年 60 m 的速度向内陆入侵。受海水入侵影响,淡水变咸,农田废耕,引水设施破坏,工矿企业受损,海水入侵成为人民群众生活及工农业生产的一大公害。据预测,该市 2010 年规划用水量为 61 830 万 m^3,缺水量达 40 103.4 万 m^3,水资源短缺成为制约城市经济发展的瓶颈。在这种情况下,提出了兴建王河地下水库供水工程、综合治理海水入侵的设想。

王河地下水库立项、批复和设计过程：王河地下水库于1997年由山东省计划委员会以鲁计农经[1997]858号文批复立项，国家计划委员会以计投资[1997]2115号文进行了批复。1998年，山东省计划委员会以鲁计重点字[1998]1378号文《关于莱州湾地区供水项目初步设计的批复》批复了王河地下水库初步设计报告。1998年，山东省水利勘测设计院完成了王河地下水库施工图设计。王河地下水库也是山东省烟台市供水项目之一，烟台市供水项目是利用日本OECF贷款，由烟台市供水项目办统一管理，王河地下水库工程由莱州市王河地下水库供水项目办组织实施。

王河地下水库工程位于莱州市西北7.5 km处的王河下游，距莱州湾约2 km。王河地下水库主要利用第四系含水砂层作为水库调蓄库容，是依王河而建、利用含水层进行水量调节的一座地下水库。王河地下水库的主要功能是农业灌溉、供给三山岛镇工业用水和生活用水，以及补给持续下降的地下水和防止海水入侵。王河地下水库为大（2）型水利工程，库区总面积为68.49 km^2，地下水库总库容为5 693万 m^3，最大地下水库调节库容为3 273万 m^3。王河地下水库见图6-1。

图6-1　王河地下水库

王河地下水库工程主要由地下坝工程、回灌工程、地下水开采工

程、排污工程和地下水监测系统等组成,简述如下:

(1)地下坝工程。主要包括地下西坝、地下北坝和地下副坝。地下坝工程的主要作用是截断地下潜流,形成地下储水空间。

(2)回灌工程。主要包括三部分:一是由王河河道内反滤回灌井、人工渗井渗渠组成的河道地下回灌工程;二是由过西引水渠道内反滤回灌井、回灌池(尹家人工湖)组成的渠道地下回灌工程;三是由西由闸、院上闸和过西橡胶坝组成的河道表面蓄水入渗工程。回灌工程的主要作用是将地表水回灌至含水层。

(3)地下水开采工程。主要包括沿库区分布的农业灌溉井及为3万 t 水厂提供水源地的尹家水源地井群和院上水源地井群。

(4)排污工程。主要包括用于集中收集和处理库区工业废水用的排污管道系统。

(5)地下水监测系统。包括地下坝、水闸、橡胶坝等建筑物安全监测设备,库区地表水水质监测点,地表水径流的监测点,以及用于监测库区地下水位动态和库区水质状况的地下水长期观测井。

王河地下水库工程于 1999 年开工,2004 年完成地下坝工程和部分回灌工程。2004 年地下水库开始发挥效益,库区内地下水位明显回升,水质明显改善,海水侵染面积大幅减小,库区内农业大幅增产。2006 年王河地下水库主体工程全部竣工,随着工程的运行,王河地下水库将会进一步改善周边地区的生态环境,提高社会效益和经济效益,为莱州市经济的发展发挥更大的作用。

第二节　王河地下水库的设计方法

目前,地下水库设计常采用静态设计法。静态设计法是一种与地面水库相似的设计方法,它把地下水位作为一个水平面,利用水均衡法进行地下水量的调蓄分析和计算,并在此基础上进行地下水库建筑物的设计。但是,在地下水库运行过程中,库区各部位的地下水位相差较大,在开采井附近或给水度较小的地区会形成地下水降落漏斗,甚至较大面积的地下水降落漏斗;在回灌井附近会形成地下水隆起水丘;在含水层较薄且埋藏深的地方会形成相对贫水区。而静态设计法仍像地面水库一样,采用不考虑降落漏斗(或地下水丘)的水平地下水位进行设计,这是不符合实际情况的,它无法反映开采过程中实际的地下水位,也不能反映边界补给随开采变化的规律等。

在王河地下水库设计中,首次采用了一种基于地下水动力学的动态设计法。地下水库动态设计法的含义:首先采用水均衡法进行地下水量的静态调蓄分析,初步估算回灌量、补给量,并初步拟定地下水库的规模、特征指标。在考虑地下水位时空分布特点的基础上,利用地下水动力学的方法进行地下水量的动态调蓄分析,以库区内降落漏斗(或地下水丘)以外的地下水位的平均值作为代表性的地下水位,并考虑库区最低地下水位对地下水量调蓄的影响,从而最终确定地下水库的特征水位和特征库容,分析、调整回灌和开采工程的布局,确定回灌补给量和地下水开采量,并通过不同方案的对比分析,获得最佳的回灌工程和开采工程设计方案,在此基础上进行地下水库建筑物设计。

同静态设计法相比,地下水库动态设计法具有两个明显的优点:

一是在地下水库地下水量的调蓄分析中,采用了地下水动力学的方法,能够预报开采过程中地下水位的空间分布和随时间的演化,能够反映开采过程中区域内不同部位地下水位的差异,能够反映边界补给随开采变化的规律,并能进行水质水量评价及反求水文地质参数等。

二是动态设计法能够真实地反映地下水库的实际库容和水位。地下水的回灌和开采形成了地下水的隆起水丘和降落漏斗。如仅考虑个别的单井,只会影响局部的地下水位,按照水平的地下水位分析地下水库的库容和特征不会带来太大的影响。但是较多的抽水井和回灌井,就会形成较大范围的地下水丘和地下水漏斗。实际上,地下水库的实际地下水面为空间曲面,实际库容的变化为两个空间曲面之间的体积变化。这时如再按水平的地下水位分析地下水库的库容和特征就会带来较大的误差和影响,而只有动态设计法才能反映这个特征,才能合理地确定地下水库的规模和优化工程设计方案。

地下水库动态设计法的基本步骤如下:

第一,进行地下水库建库条件分析,选择最佳的地下水库库址,确定地下水库的库容——水位特性曲线。

第二,进行工程规划,主要包括地下水库的静态调节计算、工程规划和动态调节计算。首先,初步确定地下水库库区内的补给量和开采量,利用水均衡法进行静态调节计算,预测缺水量,初步估算地下水人工回灌量。在地下水静态调节计算成果的基础上,进行工程规划,根据地下储水空间的特性、地下水分布特征和用户的需要,初步拟定地下回灌工程、开采工程的位置和规模,初步拟定地下截渗工程等。然后,利用地下水动力学的方法,考虑库区最低地下水位对地下水量调蓄的影响,进行地下水的动态调节计算,根据动态调节计算的结果评价初拟工程规划的合理性,调整工程规划,进行方案比较,最终确定地下水库的规模和特征指标,确定回灌工程和开采工程的方案,以及相应的回灌能力和开采能力,确定各种地下水库建筑物及其相应的设计指标。

第三,借鉴工程力学、工程地质学等基础理论,以及有关水工建筑物和地下建筑物的设计理论,进行地下水库中各种建筑物的设计。建筑物设计的主要内容有:①地下坝设计(即地下截渗工程);②地表水回灌工程设计,主要包括反滤回灌渗井、反滤回灌渗渠、回灌池(坑)和其他形式的入渗建筑物的设计;③地下水开采工程设计;④地表水拦截工程设计;⑤地下水泄水工程设计;⑥地表排污工程设计;⑦潮水拦截工程设计;⑧库内残留咸水体处理工程设计;⑨工程监测设计等。

第三节　王河地下水库建库条件分析

一、工程地质与水文地质概况

王河地下水库库区北部、西部濒临渤海,东部与连续起伏的丘陵毗邻,整个地势呈东南高、西北低,王河自东南至西北流经库区,并汇入渤海。库区地貌特征主要表现为构造剥蚀、侵蚀堆积和滨海堆积三种类型。

库区内分布的地层岩性主要为太古-远古界胶东群民山组变质岩系、燕山晚期侵入岩系和第四系松散堆积层。

　　库区位于胶东隆起区的西北部、沂沭断裂带的东侧,属新华夏系第三隆起带,区内 NE 向断裂发育,但出露条件较少,实测到的主要断裂带有单山断裂、三山岛断裂和仓上断裂等。库区基本烈度为 7 度。

　　库区内地下水可分为第四系孔隙水和基岩裂隙水两种。地下水化学类型分为 $HCO_3 \cdot Cl$ 型、$Cl \cdot HCO_3$ 型、$SO_4 \cdot Cl$ 型和 Cl 型四种,其中后两类地下水水质较差,将会对人民生活和农作物生长造成严重危害。

二、建库条件分析

　　兴建地下水库时,一般需要考虑四个条件,即库容条件、水源条件、环境生态条件和可持续条件,其中库容条件和水源条件是必要的也是最基本的条件。库容条件指建设地下水库需要有足够的天然地下储水空间(库容条件),水源条件指建设地下水库需要有充足的清洁水源。

　　王河地下水库储水空间主要由第四系冲洪积堆积形成的砾质粗砂、微含土砾质粗砂和中粗砂构成,储水条件受地质地貌和水文地质条件的控制。王河地下水库库区内第四系含水砂层最大埋深小于 30 m,总厚度为 5～16 m,在空间上分布 3～4 层,与海积形成的砂壤土、淤泥质粉细砂相间分布,砂层纵横向连续性好,上、下砂层水力联系密切,具有统一的自由水面,显示出地下水的潜水特征,形成 5 963 万 m^3 的储水库容,是典型的冲积平原蓄水构造。王河地下水库典型的地质剖面图详见图 6-2。

　　王河地下水库库底主要由片麻岩、变质岩和花岗岩组成,岩石易风化成土块状,属微透水层,可视为相对隔水底板。王河地下水库东部、西北部边界有岩浆岩出露,极易风化,属微透水层,形成不透水边界;北部、西部和东部部分边界由砾质粗砂、微含土砾质粗砂等松散砂层组成,形成透水边界(拟建地下坝截渗);南部边界由砾质粗砂、微含土砾质粗砂等透水砂层组成,为透水边界,但是在一定条件下,南部边界的龙土河可以形成相对的地下水分水岭,成为隔水边界;东南部边界为土河上游的进水补给边界。

　　王河地下水库库区内含水层库容足够大、连通性好、埋深适宜,满足地下储水空间的库容条件和可利用条件。通过工程措施,在王河地

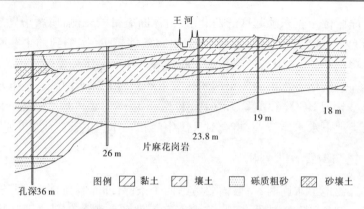

图 6-2 王河地下水库典型的地质剖面图

下水库库区内可形成相对封闭的地下储水空间,满足地下储水空间的封闭性条件。王河地下水库库区大部分地区表层为弱透水层,上、下层水力联系不畅通,但可以通过修建足够的回灌设施,增加地表水和地下含水层的联系通道;同时,利用库区农用井和新建水厂水源地将地下水提到地表,实现地表水与地下水的相互交换,从而满足地下储水空间的水量交换条件。通过上述分析,通过一定的工程措施,该库区的蓄水构造满足地下储水空间的四个条件,是相对良好的地下水储水空间。

王河从库区东南边界进入库区,从正北边界流出库区,王河是王河地下水库的主要补给水源。王河为季节性河流,每年有大量的洪水流出库区,进入渤海,存在多余的水量;同时,王河库区没有严重的污染源,通过制定严格的污染达标排放制度,能够保证流域内河水水质满足回灌要求。因此,王河河水满足补给水源的基本要求。

通过合理地设计地下水库,制定科学的库区地下水资源用水和补给规划,通过限制地下水库最高的地下运行水位和最低的地下运行水位,并对库区及库区地下水补给区的经济发展制定合理的环境规划和严格点污染控制规划,使王河地下水库满足地下水库建库的环境生态条件和可持续条件。

综上所述,通过一定的工程措施,王河地下水库可以满足地下水库建库的基本条件。

第四节　工程规划

一、地下水库静态调节计算

地下水库静态调节计算方法类似于地表水库的调节计算,把地下水位看做水平面,利用水均衡法进行调节计算。

由库区含水层的特征和多年地下水观测资料可知,王河地下水库库区地下水流具有统一的自由水面,显示出潜水的特征,可概化为潜水模型。

(一)库容特性曲线

王河地下水库的库容特性曲线采用等高程分区分层法计算,即先根据含水层的水文地质特性,在平面上将库区按给水度的不同进行分区,然后考虑不同高程含水层面积的差异,分别计算不同高程段的库容,累计求解库容曲线。王河地下水库地下水位—库容关系详见表6-1。

表6-1　王河地下水库地下水位—库容关系

水位(m)	2.00	0.96	-0.04	-1.54	-3.04	-4.54	-6.04	-7.54	-9.04
库容(万 m³)	5 961	5 682	5 327	4 761	4 213	3 720	3 237	2 811	2 430

(二)地下水库特征水位

地下正常蓄水位也可称为地下兴利水位或地下设计蓄水位,是指地下水库在正常运用情况下,为满足兴利要求,在水库开始供水时应蓄到的地下水位。地下正常蓄水位的选择要考虑众多的因素,主要有国民经济的需求、工程量、工程投资、工程效益、水库的水文地质条件、土地的次生盐渍化、库区蓄水后对当地生态和环境条件的影响,以及地下水位过浅引起的潜水过度蒸发问题等。经过综合分析,王河地下水库的地下正常蓄水位采用1.0 m(黄海高程)。

地下水库地下校核水位即地下水库最高的蓄水深度,是指在正常运用情况下,允许达到的最高地下水位。地下校核水位是确定地下坝坝顶高程的主要依据。影响地下水库地下校核水位的因素有库区地形地貌、库区土地的次生盐渍化、库区蓄水后对当地生态和环境条件的影响等,还需考虑地下水位过浅引起的潜水过度蒸发问题等。一般情况下,应控制地下水位在当地土壤的毛细水上升高度以下。经过综合分析,考虑库区地势高程的不同,确定王河地下水库的地下校核水位。对于库区西部临海地区,其地势较低,相应位置处的地下校核水位选 1.0 m(黄海高程);对于库区北部,其地势略高,相应位置处的地下校核水位为 2.0 m(黄海高程);对于库区东北部,其地势较高,相应位置处的地下校核水位为 6.0 m(黄海高程)。

王河地下水库地下死水位是指在正常运用情况下,允许落到的最低水位。确定地下死水位需要考虑的因素有库区主要地下含水层的高程、合理开采地下水的经济降深以及地下水位过低引起生态环境问题的程度等。经过综合分析,王河地下水库的地下死水位采用 −9.0 m(黄海高程)。

(三)地下水位反复升降对地下水库库容的影响

针对王河地下水库的实际地质情况和地下水位变幅范围,进行饱和砂土一维等幅循环压缩试验,模拟地下水库的实际运行条件,按孔隙率降低率的双曲线模型,推求各种条件下的孔隙率降低率 R_n 的极限值 R_{nu}。由试验可知:对于初始竖向压力为 100 kPa 的砂层,地下水位反复升降对地下水库库容的最大减小量在 0.587% 左右(循环幅度 50 kPa);对于初始竖向压力为 200 kPa 的砂层,地下水位反复升降对地下水库库容的最大减小量在 0.759% 左右(循环幅度 100 kPa);对于初始竖向压力为 300 kPa 的砂层,地下水位反复升降对地下水库库容的最大减小量在 1.412% 左右(循环幅度 200 kPa);对于初始竖向压力为 400 kPa 的砂层,地下水位反复升降对地下水库库容的最大减小量在 1.277% 左右(循环幅度 200 kPa)。由此可以推测,王河地下水库地下水位反复升降(最大幅度 20 m)对地下水库库容的最大减小量在 1.412% 左右,故 $R_{nu} = 1.412\%$。按式(4-14)对表 6-1 的库容进行修正,利用修正后的地下水库库容进行地下水量的调节计算。

(四)库区地下水天然补给量、开采量的确定

经计算分析,王河地下水库库区内地下水的天然补给量为:多年平均降雨入渗补给量为 820 万 m^3,多年平均河川径流渗漏补给量为 1 031 万 m^3,多年平均灌溉渗漏补给量为 164 万 m^3。考虑到地下水有一定的埋深,潜水的凝结补给量和蒸发量忽略不计。

以 2010 年为水平年,经预测,2010 年王河地下水库工业和城镇农村生活开采量为:三山岛及仓上金矿日开采量为 0.6 万 m^3,三山岛港日开采量为 0.4 万 m^3,乡镇企业日开采量为 1.1 万 m^3,农村生活日开采量为 0.9 万 m^3,以上合计年开采量为 1 095 万 m^3;地下水库库区内农业灌溉年开采量为 1 260 万 m^3。因此,王河地下水库多年平均开采量取为 2 355 万 m^3。

(五)王河地下水库静态调节计算分析

利用水均衡法的基本原理进行地下水库静态调节计算,确定地下水的缺水量和人工回灌补给量。地下水量遵循水量平衡的原则,即地下含水层水量的变化等于地下水补给量与地下水排泄量之差。经 31 年水量调节平衡计算,在自然补给地下水的情况下,地下水的补给不能满足开采要求,开采量大于补给量,现状年(1994 年)平均缺水量为 306.6 万 m^3,需人工补给地下水量为 306.6 万 m^3。从 2010 年预测开采量可知,2010 年开采量比现状年(1994 年)多 440 万 m^3,因此可以推测 2010 年年平均缺水量为 746.6 万 m^3。按 1.5 的系数估算最大设计年补给量,其值约为 1 120 万 m^3。

考虑实际河道、回灌渠道中含水层的分布情况及反滤回灌井的结构,按照反滤回灌井稳定流公式计算单井回灌量,再考虑回灌井的间距以及天然径流情况,初步布置回灌井,其最大回灌量约为 1 180 万 m^3,可满足最大年补给量的要求。因此,初估的年人工回灌补给量为 1 180 万 m^3。

如果在动态调节计算中发现年人工回灌补给量不足,再进行补充调整。

王河地下水库静态调节计算的初步成果:王河地下水库地下正常蓄水位为 1.0 m,最高运行水位为 1.0 m(库区西部临海地区),总库容

为 5 693 万 m³;地下死水位即最低控制库水位为 － 9.0 m,死库容为 2 420 万 m³。在人工回灌补给量为 1 180 万 m³ 的情况下,地下水开采能满足现状开采量和预测开采量的要求,其工业及生活供水保证率为 99.7%,农业灌溉供水保证率为 75%,地下水的开采满足 2010 年开采量的需求。

二、地下水库初步规划

王河地下水库初步工程规划的基本原则:应考虑蓄水、供水和防治王河下游海水继续侵染的综合效益;现状年为 1994 年,规划年为 2010 年,乡镇工业及生活用水供水保证率为 95%,农田灌溉供水保证率为 75%。

根据静态调节计算的成果,初步布置地下水库建筑物,并拟定建筑物的规模。拟建地下北坝、西坝和副坝,以形成地下储水空间。通过兴建地下回灌工程,如表面拦蓄补源工程、王河河道内反滤回灌井人工渗渠工程和过西引水回灌渠系工程,形成年人工回灌补给量为 1 180 万 m³ 的规模。为满足三山岛工业及生活用水,拟建 3 万 t 的净水厂,以及为水厂供水的两个水源地。为保证库区内农业灌溉,适当增加库区内农用灌溉井等。王河地下水库工程布置见图 6-3。

三、地下水库动态调节计算

采用地下水动力学的方法进行地下水库动态调节计算[29],方法步骤如下:

第一步,概化水文地质模型,建立数学模型。

通过对王河地下水库库区地形、地貌、水文地质条件和库区边界的分析可知:王河地下水库库区水文地质模型可概化为非均质各向同性二维平面潜水模型,地下水运动的基本微分方程可用布西涅克斯方程,详见式(6-1)～式(6-4),其中式(6-1)代表地下水运动方程;式(6-2)为初始条件,代表初始时刻地下水流场水头分布情况;式(6-3)为第一类边界条件,代表已知任意时刻水头值的边界;式(6-4)为第二类边界条

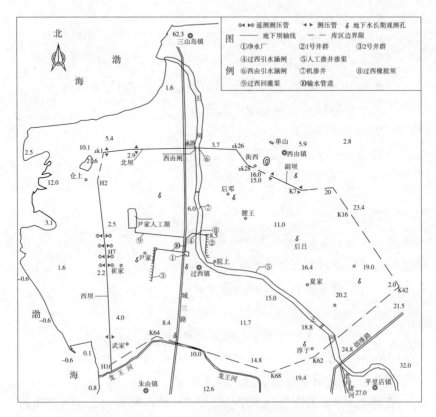

图 6-3　王河地下水库工程布置

件,代表已知进出库区流量值的边界。

$$\frac{\partial}{\partial x}\Big[K(H-B)\,\frac{\partial H}{\partial x} \Big] + \frac{\partial}{\partial y}\Big[K(H-B)\,\frac{\partial H}{\partial y} \Big] + \omega = \mu\,\frac{\partial H}{\partial t}$$

$$(x,y) \in G, t > 0 \tag{6-1}$$

$$H(x,y,t) \mid t = 0 = H_0(x,y) \qquad (x,y) \in G \tag{6-2}$$

$$H(x,y,t) \mid_{\Gamma_1} = H_1(x,y,t) \qquad (x,y) \in \Gamma_1, t > 0 \tag{6-3}$$

$$\Big[K(H-B)\,\frac{\partial H}{\partial x}\cos(n,x) + K(H-B)\,\frac{\partial H}{\partial y}\cos(n,y) \Big]_{\Gamma_2}$$

$$= -q(x,y) \qquad (x,y) \in \Gamma_2, t > 0 \tag{6-4}$$

式中　K——渗透系数，m/d；

　　　μ——给水度；

　　　B——含水层底板高程，m；

　　　n——法向量（规定内法线方向为正，外法线向量为负）；

　　　H_0——区域 G 内初始地下水位，m；

　　　H_1——区域边界上已知地下水位，m；

　　　Γ_1、Γ_2——第一类边界和第二类边界；

　　　G——库区的计算区域；

　　　ω——垂直向补给量，$\omega = \varepsilon(x,y,t) - \sum\limits_{i=1}^{\nu} Q_i \delta(x - x_i, y - y_i)$，

　　　　　$\mathrm{m}^3/(\mathrm{d} \cdot \mathrm{m}^2)$，其中 $\varepsilon = \varepsilon_1 - \varepsilon_2$；

　　　ε_1——地表水入渗补给强度（包括降水、人工回灌、河流入渗补

　　　　　给强度），$\mathrm{m}^3/(\mathrm{d} \cdot \mathrm{m}^2)$；

　　　ε_2——开采强度，$\mathrm{m}^3/(\mathrm{d} \cdot \mathrm{m}^2)$；

　　　Q_i——潜水含水层开采井的开采量，m^3/d；

　　　δ——Delt 函数。

第二步，确定计算参数和求解数学模型。

采用 Galerkin 有限元法求解数学模型。库区划分为 138 个三角形单元，90 节点，其中第一类边界点 1 个，第二类边界点 89 个。在库区水文地质分区、野外抽水测试分析和地下水等水位线的基础上，将库区按 K、μ 的不同划分为 12 个区，分别给出其参数值，求解数学模型。

第三步，数学模型的拟合和验证。

为验证计算模型的合理性和计算结果的可靠性，选择 1990 年 6 月 1 日至 9 月 15 日共 105 d 的实测地下水位作为数学模型的拟合时段的数据进行拟合，选择 1990 年 9 月 15 日至 1991 年 6 月 1 日共 258 d 的实测地下水位作为数学模型的验证时段的数据进行检验。

采用 1990 年 9 月 15 日的观测水位、计算水位误差的平方和作为目标函数，应用试估－矫正法确定选用的 K、μ 参数值，见表 6-2。

表 6-2 K、μ 分区参数计算采用值

参数分区	面积（km²）	渗透系数 K（m/d）	给水度 μ
1	5.13	20.00	0.054 0
2	22.72	45.00	0.134 0
3	7.71	71.90	0.053 1
4	2.91	27.00	0.178 9
5	4.36	25.00	0.148 0
6	2.67	55.00	0.108
7	3.08	75.00	0.112 6
8	5.54	60.00	0.000 3
9	4.42	35.00	0.015 5
10	0.30	30.60	0.127 4
11	3.52	40.60	0.118 6
12	4.19	89.70	0.160 0

通过拟合验证计算,验证等水位线图见图 6-4,证明计算结果和实际水位基本一致。

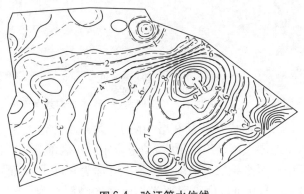

图 6-4 验证等水位线

第四步,地下水动态调节计算成果和最低地下水位分析。

通过地下水动态调节分析,31 年预报等水位线图见图 6-5,新建水

源地尹家村(尹家村位置见图6-3)的地下水位历时曲线见图6-6,原地下水位最深漏斗区腰王村东南侧(腰王村位置见图6-3)的地下水位历时曲线见图6-7。

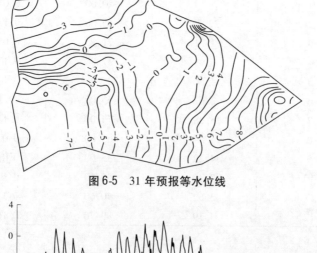

图6-5　31年预报等水位线

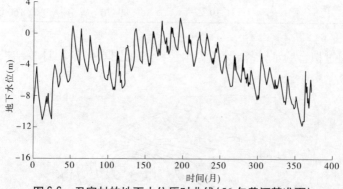

图6-6　尹家村的地下水位历时曲线(56年黄河基准面)

由此可知:在现状开采量和增加院上、尹家水源地开采井的情况下,通过人工回灌设施补给地下水,预报多年后库区部分地方出现负值漏斗区,其中尹家水源地负值漏斗区最大降深为 -11.5 m,低于库区最低地下水位(-9.0 m),但多时段平均的最大降深约为 -6.2 m,高于库区最低地下水位(-9.0 m),满足要求。由此可见,虽然地下水动态调节计算的最大降深要低于静态调节计算的最大降深,但该例的地下水最大降深在允许的范围内。

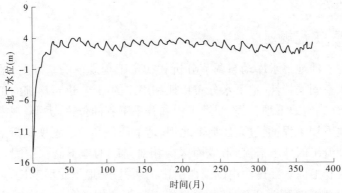

图6-7　腰王村东南侧的地下水位历时曲线(56年黄海基准面)

同时,还可知道:通过回灌补源,在新增院上、尹家水源地开采量的情况下,同建库前相比,库区地下水位出现较大变化,原地下水位负值较大的后吕、腰王一带很少再现地下水负值漏斗,而水源地院上、尹家一带则会出现负值漏斗区。

第五步,最终工程方案的确定。

通过动态调节计算,说明静态调节计算的最低地下水位不符合实际情况,但由于动态调节计算的平均最大降深仍高于最低设计水位,因此仍可采用由静态调节计算初拟的工程设计方案,从而根据动态调节计算的成果,最终确定回灌、开采方案,以及地下水库的特征水位和特征参数。

四、地下水库工程规模的确定

通过调节计算和分析,王河地下水库平均年人工回灌补给量为1 180万 m³,地下正常蓄水位为1.0 m,总库容为5 693万 m³;库区临海西部处的地下校核水位选1.0 m(黄海高程),库区北部位置处的地下校核水位为2.0 m(黄海高程),库区东北部地势较高处的地下校核水位为6.0 m(黄海高程);地下水库死水位为 -9.0 m,死库容为2 420万 m³;王河地下水库设计调节库容为2 080万 m³,其工业及生活供水为3万 t/日,供水保证率为99.7%,农业灌溉面积为4 000 hm²,供水保证率为 75%。

五、工程规划

在王河地下水库动态调节分析和初定工程规模的基础上,根据地下储水空间的特性、地下水分布特征和用户的需要,进行详细的工程规划,最终确定地下坝工程、回灌工程和开采工程的位置、类型、规模。

地下坝工程:通过兴建地下北坝、地下西坝和地下副坝截断由库内向库外流出的地下潜流,形成库区内相对封闭的地下储水空间。地下北坝由仓上向东穿过西由闸至西由镇街西村东,地下北坝全长为 5 484 m,设计墙顶高程为 2.0 m(黄海高程);地下西坝由仓上向南经崔家至龙王河北岸,地下西坝全长为 7 269 m,设计墙顶高程为 1.0 m(黄海高程);地下副坝位于西由镇街西村南的古河道上,将截断古河道漏水层,地下副坝全长为 840 m,设计墙顶高程为 6.0 m(黄海高程)。

地下回灌工程:地下回灌工程布置注重点面结合和整个库区平面内均衡布置,形成三维回灌系统。在平面上采用 Y 字形布置方式,以王河为主回灌河道,并在过西镇附近新开一条近似垂直于王河河道、向西的回灌引水渠,并将利用回灌引水渠将水送入尹家人工湖;在空间上,在王河河道、回灌引水渠内布置了 1 200 余眼回灌井,将大量汛期洪水回灌到含水层。整个回灌工程包括表面拦蓄补源工程、王河河道内反滤回灌井人工渗渠工程和过西引水回灌渠系工程。

地下水开采工程为库区内农用灌溉井和为 3 万 t 净水厂供水的两个水源地。

地下水库工程规划布置详见图 6-3。

第五节　工程设计

一、地下坝工程设计

(一)坝轴线选择

王河地下水库库区广泛分布着一层浅海相砂层和一层砂坝(泻湖

相粉砂淤泥层),透水性较强,分层厚度较厚,是海水面状入侵的界面;同时,库区内分布有古河道和基岩断裂带,透水性强,是海水面状入侵的主要通道。为了截断海水入侵库区的通道和库区内地下水流出库区的渗漏通道,需要建设地下截渗工程,即地下坝。根据库区四周的地层分布情况和水文地质结构,按"尽量选择靠近渤海海岸、合理避开村庄、砂层覆盖最浅"的原则,布置地下坝坝轴线。

库区东部边界:北起街西村基岩裸露处,向东至桑家村南,为太古-元古界胶东群民山组变质岩及燕山晚期侵入岩组成,可视为天然隔水边界,不需建设地下坝。

库区西北部边界:南起仓上村南,北至仓上村北防护林,属仓上残丘,由燕山晚期花岗闪长岩组成,属微透水层,可视为相对隔水边界,不需建设地下坝。

库区北部边界:东起过西村,西至仓上残丘,覆盖层由砾质粗砂和微含土砾质粗砂组成,渗透系数为 10.9 ~ 58.4 m/d,属透水层,需要建设地下坝。

库区西部边界:北起仓上残丘,南至龙王河,为冲洪积平原与滨海平原交互带,第四系松散层为砾质粗砂和微含土砾质粗砂,渗透系数为 32.4 ~ 38.4 m/d,属透水层,需要建设地下坝。

根据库区边界条件,在北坝、西坝和副坝(库区东北部—古河道)利用地下防渗墙截断砂砾石透水层,以不透水边界和地下防渗墙构成全封闭防渗体系,不仅防止海水入侵,同时拦蓄库区南部、东南部地下出库径流,可形成相对封闭的地下水库储水空间,相应水库库区地表面积为 66.4 km^2。地下坝(地下防渗墙)布置如下:

地下北坝为库区的北边界,北坝坝轴线西起过西镇仓上村村北岩石出露处,向东穿过西由拦河闸后,继续向东延伸,然后向南转角 53°至西由镇街西东北岩石裸露处。地下坝设计墙顶高程为 2.0 m,底部插入基岩 1.0 m,最大坝高 34.13 m,全长为 5 484 m,其中截断王河主河床及滩地长 120 m。

地下西坝为库区的西边界,西坝坝轴线由仓上村村南岩石出露处向南,经过崔家、武家村至朱由镇武家村龙王河北岸,设计墙顶高程为

1.0 m,底部插入基岩 1.0 m,地下坝最大坝高为 36.81 m,全长为 7 269 m。

地下副坝由西由镇村南沿东北 - 西南走向截断古河道,设计墙顶高程为 6.0 m,底部插入基岩 0.5 m,地下坝最大坝高为 8.0 m,全长约为 840 m。

地下西坝、地下北坝和地下副坝位置和坝轴线的布置见图 6-3。

(二)地下坝方案比选

1.地下垂直防渗墙的类型

地下坝即地下垂直防渗墙。常用的地下垂直防渗墙类型有:①混凝土或塑性混凝土地下连续墙,可利用冲击钻、液压抓斗、链斗式挖槽机、锯槽机等开槽机械形成混凝土或塑性混凝土地下垂直防渗墙;②浆体地下连续墙,可利用振动沉模机和振动切槽机等施工机械形成地下垂直防渗墙;③水泥土防渗墙,可利用单头和多头深层搅拌机等施工机械形成水泥土地下垂直防渗墙;④高喷灌浆防渗板墙,可利用钻孔高压喷射成套设备形成水泥板墙地下垂直防渗墙;⑤垂直开槽铺塑膜,可利用垂直铺塑机形成塑膜地下垂直防渗墙。以上构筑防渗墙技术都有一定的局限性,不同施工方法成墙质量及形成墙体的防渗性能也有差别,应结合岩土地层的条件合理选用。

2.地下坝方案对比

在工程设计中,考虑王河地下水库的地层情况和地下坝的施工工艺,选择高喷灌浆垂直防渗墙、振动沉模 - 高喷垂直防渗墙、塑膜 - 高喷垂直防渗墙等三种垂直防渗墙,进行经济技术方案比较。

1)高喷灌浆垂直防渗墙

高喷灌浆垂直防渗墙利用高压射流作用切割掺搅土层,改变原地层的结构和组成,同时注入水泥浆或混合浆形成凝结体,从而达到防渗目的。它有旋喷、摆喷和定喷三种喷射形式,在土体中形成柱状、哑铃状和板状的凝结体防渗墙。

高喷技术的基本特征是技术成熟,适应性强,成墙深度大,尤其是对于较纯的砂类,其防渗效果较好。不足之处是施工控制比较复杂,成墙造价相对较高,摆喷和定喷成墙单价约为 290 元/m^2(1999 年单价)。

2）振动沉模 - 高喷垂直防渗墙

振动沉模防渗墙是利用振动桩机的强力高频振锤将空腹模板沉入地下，然后向模板内注入浆液，振拔后成防渗墙体。采用边缘为"工"字形的模板施工，有利于板和板之间的衔接。

振动沉模防渗墙的主要优点：①墙体质量好，连续性可靠；②可建造厚为 $15 \sim 20$ cm 的薄连续墙，成本低，成墙单价约为 120 元/m^2（1999年单价）；③施工工效高，单套设备日作业量可达 300 m^2。但是振动沉模防渗墙的致命缺点是墙体深度有限，对于坚硬地层，施工相对困难。

为节省投资，可将振动沉模防渗墙和高喷防渗墙有机地结合起来。浅层采用振动沉模防渗墙，深层采用高喷防渗墙，形成振动沉模防渗墙和高喷防渗墙的组合防渗墙，即采用振动沉模 - 高喷垂直防渗墙，不仅能满足防渗要求，还可节约投资。

对于振动沉模 - 高喷组合防渗墙，可采用"握裹"式接头来处理两种防渗墙的接头，即先做上部振动沉模防渗墙，后做下部高喷防渗墙，接头处进行高压旋喷灌浆，形成完整的防渗体。

3）塑膜 - 高喷垂直防渗墙

垂直铺塑防渗墙是利用专门的开沟造槽机械，在地下形成一条连续的 $15 \sim 30$ cm 宽的窄槽，在槽内铺设塑料膜，然后回填土，形成垂直铺塑防渗体。

垂直铺塑防渗墙的主要优点是施工工效高、成本低，成墙单价约为 50 元/m^2（1999 年单价）。但施工深度有限，一般不超过 15 m；同时，墙段之间也存在连接缺陷，施工质量较难控制。

但是可利用垂直铺塑防渗墙和高喷防渗墙各自的优点，将垂直铺塑防渗墙和高喷防渗墙结合起来，浅层用垂直铺塑防渗墙，深层用高喷防渗墙，即采用塑膜 - 高喷垂直防渗墙，可节约大量的工程投资。

4）初选方案

通过技术、经济初步分析，从防渗安全的角度出发，并考虑到缺乏振动沉模 - 高喷垂直防渗墙的工程实例，在实践中选择高喷灌浆垂直防渗墙和振动沉模 - 高喷垂直防渗墙两种形式的防渗墙作为王河地下水库地下坝的结构形式，其中地下坝北坝桩号 2 + 946 ~ 3 + 248 段和

3 + 368 ～ 4 + 522 段采用振动沉模 – 高喷垂直防渗墙,其余地下坝均采用高喷灌浆垂直防渗墙。振动沉模 – 高喷垂直防渗墙的上部(15 m 深度以内)采用振动沉模防渗墙,下部采用高喷防渗墙,两种墙体接头部位和墙底入岩处采用旋喷法施工的高喷防渗墙进行连接。

3. 地下坝的主要设计参数

1) 地下坝的厚度

影响地下坝厚度的主要因素有两个:一是在地下水库运行过程中,由于地下水库库区内、外地下水存在一定的水位差,地下坝需要承受一定的渗透水压力,因此地下坝坝体材料应满足抗渗要求;二是考虑施工因素,在钻孔允许的最大倾斜度范围内,应保证最深处不同施工顺序地下坝墙体结合部位的最小厚度。经综合分析计算,地下坝设计厚度选定为 0.18 m。

2) 地下坝的渗透系数

为了保证地下坝的防渗能力,要求地下坝的渗透系数 $K \leqslant 1.0 \times 10^{-6}$ cm/s。

3) 地下坝坝体材料的强度

在地下水库运行过程中,地下坝承受一定的弯曲应力,其坝体材料应满足一定的强度要求,地下坝坝体材料的抗压强度 ≥2.0 MPa,地下坝坝体材料的抗拉强度 ≥0.2 MPa。

(三)地下坝施工工艺现场试验研究

为了确定地下坝的施工工艺参数和验证沉模 – 高喷垂直防渗墙的可行性、可靠性和防渗效果,需要进行现场试验和室内试验。试验类型包括高喷防渗墙、振动沉模防渗墙的施工工艺参数,振动沉模 – 高喷垂直防渗墙接头的连接试验,以及防渗墙防渗效果的验证。

1. 试验区地质条件

地下坝现场试验段位于库区东北部的地下坝外侧,试验段地层情况分布如下:①1～2 m,粉质黏土;②2.0～4.5 m,粉细砂层;④4.5～7.4 m,淤泥质粉细砂;④7.4～16.6 m,粉细砂;⑤16.6～20.8 m,中砂,含少量砾石;⑥20.8～25.0 m,砂质黏土;⑦25.0～31.45 m,粗砂、砾石层;⑧31.45～32.4 m,砂、砾石层;⑨32.4～41.9 m,全风化花岗片麻岩;⑩41.9 ~ 42.3 m,强风化花岗片麻岩。

2. 高喷灌浆垂直防渗板墙现场试验研究

为了保证高喷灌浆垂直防渗板墙的施工质量,进行了二管法与三管法高喷灌浆防渗墙成墙工艺试验研究。试验坝段选择的标准:试验坝段地层条件应具有代表性,适合高喷灌浆防渗墙施工工艺,并位于防渗最不利的地段。经分析研究,选择地下北坝设计桩号 0 + 130 ~ 0 + 150 以北 20 m 处作为高喷灌浆垂直防渗板墙的试验段。

1)高喷灌浆防渗墙成墙工艺流程

高喷灌浆防渗墙分定喷、摆喷和旋喷防渗墙三种形式,其成墙工艺流程为:钻孔→下喷射管→制水泥浆→高压喷射浆液和压缩气同时喷射→提升→成墙→回流→封孔→冲洗设备。

高喷灌浆防渗墙施工设备选用 YGP – 5 高喷台车、QB – 50 型高压泥浆泵和 3LCI – 15/6 空压机。

2)高喷灌浆防渗墙施工工艺参数

高喷灌浆防渗墙施工采用二管法施工工艺。在现场试验中,进行了旋喷、摆喷两种形式的单体试验,以及高喷连续墙体试验。成墙后,进行了现场开挖,通过观测、测量墙体的有效厚度、均匀性、密实程度,并进行坝体材料试验,总结了高喷灌浆施工工艺,得出高喷灌浆防渗墙施工工艺参数,详见表6-3。

表6-3 二管法高喷灌浆防渗墙施工工艺参数

工艺参数	喷射形式	
	摆喷	旋喷
浆量(L/min)	≥90	≥90
浆压(MPa)	38 ~ 40	38 ~ 40
气量(m³/min)	1.5	1.5
气压(MPa)	0.7	0.7
提速(cm/min)	10	6
转速、摆速(r/min)	10	10

续表 6-3

工艺参数	喷射形式	
	摆喷	旋喷
摆角(°)	15	—
轴线夹角(°)	20	—
浆液比重(g/cm³)	1.5	1.5
灌浆孔距(m)	1.4 ~ 1.6	1.4 ~ 1.6

采用注水渗透试验、墙体开挖检查和实体取样室内强度试验进行地下坝墙体质量检查。经检验,二管法高喷灌浆所形成的防渗墙墙体密实、墙面平整,墙体渗透系数为 5×10^{-6} cm/s,墙体抗压强度为 2.0 ~ 2.7 MPa,各项指标均能满足设计要求。因此,确定采用二管法进行高喷灌浆防渗墙施工。

3. 振动沉模防渗板墙试验研究

试验坝段选择的标准:试验坝段地层条件应具有代表性,适合振动沉模防渗墙施工工艺,并位于防渗最不利的地段。经分析研究,选择地下西坝设计桩号 6 + 712 ~ 6 + 732 处作为振动沉模防渗板墙试验段。

1)振动沉模板墙施工工艺

振动沉模防渗板墙施工设备包括沉模成墙系统和制浆输浆系统,其中沉模成墙系统包括 DTB25 桩机、DZ90A 振锤、液压夹头 DZ90 和空心模板;制浆输浆系统包括搅拌机、混凝土输送泵 HBT30A 和管道。

振动沉模防渗板墙施工工艺流程为:A 模就位→A 模沉下→B 模就位→B 模沉下→A 模内灌注砂浆,边振边拔→B 模内灌注砂浆,边振边拔→B 模沉下→A 模内灌注砂浆,边振边拔。

2)振动沉模防渗板墙工艺参数

振动沉模防渗墙试验进行了单块墙体和 6 块连续墙体的现场试验。振动沉模防渗板墙坝体材料采用水泥、砂和粉煤灰,水、水泥、粉煤灰、砂的材料配比为 1:1:0.9:2,其中水灰比为 0.9,水泥用量为 113 kg/m³,中细砂用量为 0.12 kg/m³,二级粉煤灰用量为 113 kg/m³,水用量为 78 kg/m³ ,外加剂 2% ,砂率为 60% ~ 100% 。试验得出振动沉模防渗板墙施工工艺参数见表6-4。

表6-4　振动沉模防渗板墙施工工艺参数

类别	名称	参数值
振锤	激振力(kN)	570
	振频(r/min)	1 050
模板	宽度(m)	0.70
	长度(m)	15
	厚度(m)	0.16 ~ 0.2
	提速(m/min)	1 ~ 2
混凝土泵	排量(m³/min)	30
	压力(MPa)	0.8 ~ 4
高压水泵	功率(kW)	90
	流量(L/min)	70 ~ 100
	压力(MPa)	20 ~ 30

试验说明,振动沉模防渗板墙适用于王河库区内的标贯击数不大于 15 的黏性土、砾质粗砂和微含土砾质粗砂。配合辅助高压水振动沉模,振动沉模防渗板墙最大深度可达 20.0 m。

4. 振动沉模 - 高喷组合防渗墙及其围井防渗试验

同高喷灌浆防渗墙相比,振动沉模防渗板墙造价低、质量可靠,但是振动沉模防渗板墙墙体深度有限,最大深度仅 20.0 m。为充分利用振动沉模防渗板墙和高喷灌浆防渗板墙各自的优势,设计了振动沉模 - 高喷组合防渗墙,组合防渗墙的上部采用振动沉模防渗板墙,组合防渗墙的下部采用摆喷法形成的高喷灌浆防渗板墙,两者中间采用旋喷法形成的高喷灌浆旋喷桩连接,从而形成振动沉模 - 高喷组合防渗墙。

为了验证振动沉模 - 高喷组合防渗墙的防渗效果,特进行现场围井试验。围井由振动沉模 - 高喷组合防渗墙形成,其施工方法如下:

(1)做沉模－高喷组合防渗墙。首先，沿地下坝轴线做 4 个槽孔的振动沉模防渗墙，每块模板宽 0.75 m，形成的墙深 6.4 m，墙厚 0.2 m；其次，在振动沉模防渗墙下部做高喷防渗墙，采用摆喷法施工，直到基岩；最后，在振动沉模防渗墙与摆喷防渗墙之间，采用旋喷桩进行搭接部分，搭接长度为 1.5 m。

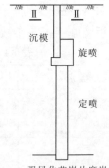

图 6-8　振动沉模防渗墙
Ⅰ—Ⅰ 剖面示意图

(2)做围井。在沉模－高喷组合防渗墙北侧布置 4 个高喷孔，利用摆喷法做高喷组合防渗墙，形成一个完整的围井。

试验围井实际深度约为 41 m，围井防渗墙剖面见图 6-8 和图 6-9。

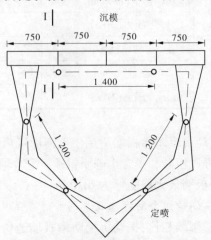

图 6-9　振动沉模防渗墙Ⅱ—Ⅱ剖面图

试验围井施工建成后，进行了现场开挖外观检查以及围井井内抽水试验。

在围井现场，进行开挖，露出井壁，通过观察井壁质量，得出以下结论：

(1)围井的形状与设计基本一致，局部略有变化。

(2)沉模墙平整、密实，接缝满足要求。

（3）围井的上下形状受地层条件的影响较大，上部 1～3 m 规则平整，接缝清晰；3～4 m 受喷射串通的影响形成一个完整的整体，围井由人工开凿形成；下部围井形状又趋于规则。

（4）旋喷连接段的旋喷凝结体充满了围井面积的 3/4，套接厚度较大。

（5）凝结体的强度较高，围井开挖后自稳性较好。

通过围井井内现场抽水试验，可得出围井实测渗透系数 $K = 1.74 \times 10^{-6}$ cm/s，说明围井防渗性能满足设计要求。

5. 振动沉模防渗墙与高喷灌浆防渗墙水平连接试验

振动沉模防渗墙与高喷灌浆防渗墙水平连接采用旋喷桩连接，为检验连接接头的可靠性，进行了振动沉模防渗墙与高喷灌浆防渗墙水平接头的连接试验，其方法是：先做 2 个槽孔的振动沉模防渗墙，模板宽度为 0.75 m，深度为 6.4 m，再在其两侧分别做一个深度为 5 m 的旋喷桩，试验布置见图 6-10。

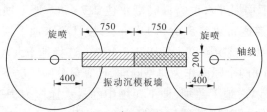

图 6-10　完整反滤回灌井剖面图

现场开挖深度为 1 m，观察表明，旋喷桩将沉模墙包裹起来，侧面连接良好。这说明通过旋喷桩可将振动沉模墙和高喷墙有效地组合起来。

6. 室内试验

从围井试验段共取 5 组高喷防渗墙试样和 4 组沉模防渗墙试样，分别进行室内抗渗、抗压试验，其中高喷防渗墙的抗压强度为 6.20～9.60 MPa，平均抗压强度为 8.32 MPa，渗透系数为 2.12×10^{-7}～3.85×10^{-7} cm/s，平均渗透系数为 2.99×10^{-7} cm/s；沉模防渗墙的抗压强度为 4.30～4.90 MPa，平均抗压强度为 4.60 MPa，渗透系数为 1.42×10^{-7}～2.02×10^{-7} cm/s，平均渗透系数为 1.72×10^{-7} cm/s。这说明防

渗墙试样的抗压强度、渗透系数均满足设计要求。

通过现场试验,说明高喷防渗墙和沉模－高喷防渗墙适合于王河地下水库的地层条件,防渗墙的防渗性能和力学强度满足设计要求。

(四)结构分析

常用结构受力分析有有限元法和多层界质地基梁有限差分法。根据王河地下水库场地岩性分布的特点,选用多层界质地基梁有限差分法进行地下坝结构受力分析。

多层界质地基梁有限差分法的基本方法:假设墙体与介质之间的变形协调关系符合文克尔假定,按照"跨变刚构一次力矩和侧力分配法"的原理,正向传播时采用力矩和侧力传播,逆向传播时采用角变和侧移的传播。

地下坝结构受力分析计算工况:考虑设计情况和校核情况两种计算工况,其中设计工况为地下坝坝内地下水位与地下坝坝顶高程相平,地下坝坝外地下水位与海平面持平;校核工况为地下坝坝内地下水位 -5.0 m,地下坝坝外水位为最高潮水位 2.73 m。地下坝的弹性模量取 100 MPa,渗透系数取 5.0×10^{-6} cm/s,设计要求地下坝的抗压强度不低于 2.0 MPa,抗拉强度不低于 0.2 MPa。选择地下北坝 $4+336$、地下西坝 $3+110$ 两个断面作为典型断面,计算最危险工况下的地下坝内力。经分析计算,地下北坝、地下西坝中的最大压应力为 1.5 MPa,小于地下坝坝体材料的设计抗压强度 2.0 MPa;最大拉应力为 0.003 MPa,小于地下坝坝体材料的设计抗拉强度 0.2 MPa。因此,振动沉模板墙和高喷灌浆板墙墙体所受内力均能满足材料设计强度的要求。

(五)地下坝方案选定

通过技术、经济分析,从防渗安全的角度出发,并考虑到振动沉模－高喷垂直防渗墙没有可供借鉴的实例,选择高喷灌浆垂直防渗墙作为王河地下水库地下坝的主要坝型,振动沉模－高喷垂直防渗墙为部分坝段选用的辅助坝型。

1.高喷垂直防渗墙段

地下西坝为库区的西边界,设计墙顶高程为 2.0 m,底部插入基岩 1.0 m,地下坝最大墙高为 36.81 m,全长为 7269 m。地下西坝整个坝段采用高压喷射垂直防渗墙。地下西坝高压喷射垂直防渗墙由三部分组成,上部 10 m 墙高范围内墙体采用定喷,墙底入基岩 0.5 m 范围内采用旋喷,定喷以下、旋喷以上墙体采用摆喷。

地下北坝为库区的北边界,设计墙顶高程为 2.0 m,底部插入基岩 1.0 m,地下坝最大墙高为 34.13 m,全长为 5 484 m。地下北坝设计桩号 0 +000 ~ 2 +946 段、3 + 248 ~ 3 + 368 段和 4 + 522 ~ 5 + 484 段采用高压喷射垂直防渗墙。地下北坝高压喷射垂直防渗墙由三部分组成,上部 10 m 墙高范围内墙体采用定喷,墙底入基岩 0.5 m 范围内采用旋喷,定喷以下、旋喷以上墙体采用摆喷。

地下副坝设计墙顶高程为 6.0 m,底部插入基岩 1.0 m,全长约为 840 m,整个坝段采用高压喷射垂直防渗墙。地下副坝高压喷射垂直防渗墙由两部分组成,墙底入基岩 0.5 m 范围内采用旋喷,其余墙体均为摆喷板墙。

2. 振动沉模 – 高喷垂直防渗板墙段

地下坝北坝设计桩号 2 +946 ~ 3 + 248 段和 3 + 368 ~ 4 + 522 段采用振动沉模 – 高喷灌浆组合垂直防渗墙。

振动沉模 – 高喷灌浆组合垂直防渗墙墙体上部 15 m 范围内采用振动沉模防渗墙,下部采用摆喷法高喷灌浆防渗墙,其中接头部位和墙底入岩 0.5 m 处采用旋喷桩连接。这两种防渗板墙的接头为"握裹"式接头,即先做上部振动沉模板墙,后做下部高喷灌浆防渗板墙,在接头处上下各 1.0 m 范围内进行高压旋喷灌浆,从而形成完整的防渗体系。

振动沉模板墙之间采用扣板搭接连续施工,坚硬地层辅以高压水振动沉模,成墙深度可以达到 20 m,高喷灌浆防渗板墙成墙深度可以达到 40 m,墙段连接整体性好,单价为 120 ~ 160 元/m² (1999 年单价),造价较低。两种成墙工艺用于同一墙体的不同部位,发挥了各自的优点,即保证了工程质量,又节省了投资。

(六)工程质量检测和效果分析

根据试验得出的施工工艺和施工参数,进行地下坝施工。地下坝工程完工后,沿地下坝轴线布置了 13 眼质量检测围井,检查内容包括墙体质量开挖检查、墙体取样室内检测、围井注水现场试验。另外,为了检验沉模－高喷组合防渗墙的成墙质量,又对沉模－高喷组合防渗墙墙体进行了高密度电阻率层析成像检测工作。

1.高喷垂直防渗墙段

在高喷垂直防渗墙段,布置了 11 眼质量检测围井,开挖结果均显示墙体均匀、密实、连接完整,墙间搭接牢固、紧密,平均墙体厚度为 20 cm,围井稳定性良好。

墙体室内试样检测结果为:试样抗压强度为 5.6 ~ 19.1 MPa,平均抗压强度为 13.6 MPa;渗透系数为 $2.985 \times 10^{-7} \sim 7.022 \times 10^{-7}$ cm/s,平均渗透系数为 4.893×10^{-7} cm/s。

围井注水现场试验的检测结果为:渗透系数为 $5.17 \times 10^{-8} \sim 2.99 \times 10^{-6}$ cm/s,平均渗透系数为 6.18×10^{-7} cm/s。

以上试验结果表明:地下坝的渗透系数与抗压强度均满足设计要求。

2.振动沉模－高喷垂直防渗墙段

在沉模－高喷垂直防渗墙墙段,布置了 2 眼质量检测围井,经开挖检查发现沉模墙的墙体平整、密实,厚度均匀,接缝完好;高喷防渗墙有效直径、均匀性、密实程度均符合设计要求;沉模墙和高喷墙之间的连接较好;围井强度较高,具有良好的稳定性。

墙体室内试样检测结果为:试样抗压强度为 4.5 ~ 6.5 MPa,平均抗压强度为 5.47 MPa;渗透系数为 $2.985 \times 10^{-7} \sim 7.022 \times 10^{-7}$ cm/s,平均渗透系数为 4.893×10^{-7} cm/s。

围井注水现场试验检测结果为:渗透系数为 $2.18 \times 10^{-6} \sim 3.00 \times 10^{-6}$ cm/s,平均渗透系数为 2.59×10^{-6} cm/s。

高密度电阻率层析成像探测坝段为北地下坝设计桩号 3 +930 ~ 4 +320段,检查长度为 600 m,经进行电阻率分析,得出结论:地下坝无渗漏现象,墙体施工质量良好。

以上试验结果表明:地下坝的渗透系数与抗压强度满足设计要求。

3.结论

试验检测表明:高喷垂直防渗墙、振动沉模－高喷垂直防渗墙段防渗体的抗压强度和防渗性能均满足设计要求。

二、回灌工程设计

(一)回灌工程规划

王河地下水库人工补源回灌工程的任务就是采取切实有效的工程措施,在汛期尽可能地多拦蓄洪水,并将洪水转存于含水层。

回灌工程布置的基本原则如下:

(1)回灌工程应布置在库区的深、厚含水层上;

(2)回灌工程应沿河流走向或沿专设回灌渠的水流走向布置回灌设备;

(3)回灌工程一般应布置在地下潜流的中、上游位置;

(4)注重点面结合和沿整个库区平面内均衡布置,并结合回灌井形成三维回灌系统。

回灌工程总体布局:在平面上采用 Y 字形布置方式,以王河为主回灌河道,并在过西镇附近新开一条近似垂直于王河河道、向西的回灌引水渠,并利用回灌引水渠将水送入尹家人工湖;在空间上,在王河河道、回灌引水渠内布置了 1 200 余眼回灌井,将大量多余的汛期洪水回灌到含水层。地下回灌工程包括表面拦蓄补源工程和地下回灌补源工程两部分。

表面拦蓄补源工程通过改建西由闸、新建过西橡胶坝和利用已有的院上拦河闸,扩大河道拦蓄水量。

地下回灌补源工程包括王河河道内回灌系统、过西引水渠回灌系统和院上西引水渠回灌渠系统。其中,王河河道回灌系统为即时回灌系统,当河道行洪或有水流时,部分河水同时转化为地下水;过西引水渠回灌系统为可控回灌系统,只有当引水渠引水时才可将地表水转化为地下水;院上西引水渠回灌渠亦为可控回灌系统。由于院上西引水渠被列入远景规划,因此将院上西引水渠回灌渠系统结合未来兴建的院上西引水渠实施,目前暂不实施。

(二)回灌工程试验研究

为合理确定反滤回灌井的单井回灌量,进行了回灌工程现场试验研究,回灌试验情况和回灌试验成果详见本书第三章第四节。

(三)表面拦蓄补源工程设计

表面拦蓄补源工程包括改建西由拦河闸、新建过西橡胶坝和利用现有的院上拦河闸,以扩大河道拦蓄水量,增加入渗补给量。

西由拦河闸位于王河地下水库北边界的王河上,西由拦河闸改建工程是将原西由拦河闸由 16 孔(净宽 3.8 m)改建为 8 孔(净宽 8.8 m),并更换为钢闸门,另在老闸右岸新增 4 孔新闸(净宽 8.8 m),闸门为 8.8 m×(3.8～3.5) m 平面钢闸门;改造后,闸室为敞开式宽顶堰,单孔净宽 8.8 m,共 12 孔,总净宽 122.6 m,正常挡水高度为 3.3 m,20 年一遇洪水流量为 956.8 m^3/s。在西由拦河闸的右岸,新建两孔净宽 3.5 m 的西由引水涵闸,其目的是将汛期洪水引入王河地下水库库区北部的单山洼台田沟以蓄存利用。西由拦河闸见图 6-11。

图 6-11　西由拦河闸

过西橡胶坝位于库区过西镇北侧的王河河道上,橡胶坝为开敞式,共两孔,单孔坝袋长 64.5 m,最大挡水高度为 3.0 m,橡胶坝坝袋采用充水式堵头坝袋,锚固方式为钢压板螺栓穿孔锚固,20 年一遇洪水流量为 900.34 m^3/s。过西橡胶坝见图 6-12。

院上拦河闸位于库区过西镇东侧院上村附近的王河河道上,为现有的翻板门挡水闸,最大挡水高度为 2.5 m。

图6-12 过西橡胶坝

(四)王河河道内回灌系统工程设计

王河河道内回灌系统为利用王河河道兴建的包括反滤回灌井、反滤回灌渗渠在内的回灌系统。

在王河河道内,新建反滤回灌井1 068眼,反滤回灌井沿河道走向布置,布置方式为梅花形,横向井距为50 m,纵向排距为12.5 m,平均井深为16 m,反滤回灌井穿透含水层至基岩,为完整井。反滤回灌井单井入渗量根据含水层的特点,参考其他工程经验值,并通过现场试验最后确定,初选的反滤回灌井单井入渗量依含水层厚度的不同分别为200~499 m³/d。

反滤回灌井的结构设计:反滤回灌井由回灌池和回灌井组成。回灌井直径为800 mm,井内埋设外径为500 mm、内径为420 mm的混凝土滤管,滤管与井壁之间回填直径为1~4 cm的碎石,井口加带有锥形孔的钢筋混凝土圆形井盖,井盖外径为700 mm,井底用直径为800 mm的混凝土底托盘封底。回灌井位于底宽为2.0 m、口宽为4.0 m、深为1.0 m的倒锥台形回灌池内,回灌池内回填高为0.8 m、直径为1~4 cm的碎石,上覆0.3 m厚的中粗砂。王河河道内完整反滤回灌井结构剖面图见图6-13,施工现场的反滤回灌井见图6-14。

王河河道内新建反滤回灌渗渠65条,并利用原有的反滤回灌渗渠122条。反滤回灌渗渠间距为25 m,每个反滤回灌渗渠的入渗量采用

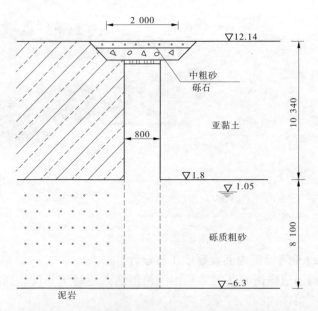

图 6-13　王河河道内完整反滤回灌井结构剖面图

图 6-14　王河河道内完整反滤回灌井

实测值 217 m³/d。反滤回灌渗渠长 80 m,宽 2 m,深 2 m,渗渠两端各设直径为 2 m、深为 4 ~ 9 m 的渗井,渗井挖穿地表黏土隔水层,并深入到砂层内 0.5 m。渗渠、渗井内回填砂砾石,表层为反滤层。

(五)过西引水回灌渠工程设计

过西引水回灌渠是从过西橡胶坝坝前引水涵闸向西,穿过城三路,至尹家村北,拐向尹家人工湖,是一条人工开挖的专用引水入渗回灌渠。引水回灌渠全长为2.29 km,包括引水渠1条、渠内反滤回灌井142眼和1个100万 m^3 的回灌坑,其中回灌坑为废弃的砂石坑。过西引水回灌渠内反滤回灌井为非完整反滤回灌井,其结构剖面图见图6-15。

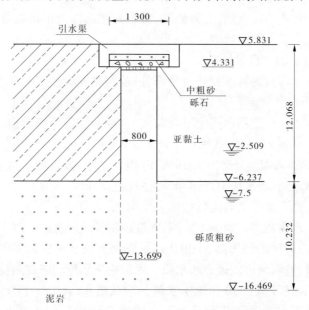

图6-15　过西引水回灌渠内非完整反滤回灌井剖面图

三、开采工程设计

地下水开采工程为库区内农用灌溉井,以及为3万 t 的净水厂提供水源的两个水源地抽水井群(尹家水源地和院上水源地)。

四、排污和工程监测设计

(一)排污工程设计

对王河地下水库库区内的工业废水采取集中收集和处理的工程措

施,拟铺设专用排污管道,将处理后的污水排出库区。

对库区外王河中上游的工业废水采取集中收集和处理的工程措施,拟铺设专用排污管道,建立污水处理厂,进行处理,中水达标后排放。

对于城区的生活污水,建立污水处理厂,进行处理,中水达标后排放。

建立长效治污机制,加强流域,特别是库区的废污排放管理,严格控制将污水排入王河河道。

(二)监测工程设计

地下水库监测系统共分为两部分:建筑物安全监测和库区地下水环境监测。

建筑物安全监测包括地下坝监测、水闸和橡胶坝安全监测。为监测地下坝的运行状况,观测地下坝内、外的地下水位,分别在北坝、西坝、副坝两侧安装地下水位测压管 30 组。水闸、橡胶坝安全监测内容设有位移观测、渗水压力观测和坝袋内压监测等。

库区地下水环境监测包括地表水监测、库区内地下水位动态观测和地下水水质监测。地表水监测:在西由闸设置雨量站观测点,在王河进入、流出库区的西由闸、平里店闸设置测流仪和水质采集点,以观测王河流量、监测河道内地表水水质。库区地下水位动态观测:在库区设置过西、后吕等地设 10 个地下水位长期观测井,其中 5 个为自动测报系统。地下水水质监测:结合地下水位动态观测设置 10 个地下水水质采样点,以监测库区地下水质状况。

王河地下水库管理局设实验室一处,内设水质检测等试样项目。

第六节　经济效益分析

一、社会效益

王河地下水库于 1999 年 12 月开工,2004 年已完成西由拦河闸、过西橡胶坝、北坝、过西引水回灌渠系统、95％的西坝工程和 30％的王河反滤回灌井工程,地下水库开始发挥效益。2006 年春,王河地下水库主体工程全部竣工。自 2004 年起,已建部分工程就发挥了较好的经济效益、生态效益和社会效益,随着主体工程全部竣工,王河地下水库进一步有效地防治了海水入侵,提高了地下水位,并改善了周边地区的生态环境,发挥着较大的经济效益、社会效益和生态效益。

（一）提高地下水位,减少海侵面积

经对库区地下水位观测井实地测量,建库后比建库前最多提高 4. 44 m,平均提高 3. 31 m,详见表 6-5。

表 6-5　地下水位观测井水位

地点	建库前观测井水位（m）				建库后观测井水位（m）	
	1997 年	1998 年	1999 年	平均	2004 年	提高
诸冯	9. 26	9. 39	9. 07	9. 24	12. 40	3. 16
过西	- 1. 56	- 1. 55	- 1. 61	- 1. 57	2. 87	4. 44
沙埠庄	- 5. 11	- 5. 20	- 5. 41	- 5. 24	- 2. 90	2. 34
平均	0. 86	0. 88	0. 68	0. 81	4. 12	3. 31

通过测压管井测定地下坝内、外水位差,结果表明,地下坝坝内比坝外最多高 5. 03 m,平均高 4. 39 m,详见表 6-6。

表 6-6　测压管水位　　　　　　　　（单位:m）

时间（年-月-日）	测压管水位			测点
	地下坝坝外	地下坝坝内	水位差	
2004-03-18	- 3. 92	1. 11	5. 03	崔家村
2004-03-15	- 4. 36	- 0. 06	4. 30	仓上村
2004-05-05	1. 54	5. 38	3. 84	黄金工业园西
平均	- 2. 25	2. 14	4. 39	

王河地下水库建成后,王河的海水入侵面积由建库前的 78. 69 km^2 减为 25. 36 km^2,减少了 68%。

(二)改善库区地下水水质,提高人民生活质量

经对库区地下水位观测井取水化验,建库后比建库前氯离子含量最大减少71. 1%,平均减少50. 6%,详见表6-7。伴随着回灌补源和咸淡置换,困扰多年的人畜吃水困难得以彻底解决,并确保了大型矿山企业三山岛金矿、仓上金矿的生产、生活用水。

表6-7　地下水位观测井氯离子含量

地点	地下水位观测井氯离子含量(mg/L)		
	1999 年	2004 年	减少百分比(%)
沙埠庄	468	253	45. 9
过西	159. 2	95	40. 3
尹家	185	53. 4	71. 1
平均	270. 7	133. 8	52. 4

(三)增强生态功能,发挥防洪减灾作用

王河地下水库是蓄水防洪抗旱的天然"海绵",通过回灌设施,平均每年能够将2 080 万 m³ 的雨洪水储存到含水层,发挥一定的防洪能力,能够不同程度地减轻洪旱带来的自然灾害;同时通过西由拦河闸于汛期向单山洼台田沟引水,可以逐步实现5 000 亩湿地的生态恢复。

(四)提高生产能力,稳定社会秩序,创造和谐社区

根治海水入侵后,恢复和改善了生态环境,提高了工农业生产能力,消除了库区老百姓的后顾之忧,稳定了生产和生活秩序,使整个地下水库库区形成一个和谐社区。

王河地下水库成为莱州市政府的民心工程,得到了广大库区人民的拥护,成为和谐社会、建设社会主义新农村的一个典范。

二、经济效益

王河地下水库的建成,在正常年份,1 210 眼反滤回灌井和187 条人工渗渠年回灌补源为1 180 万 m³;过西橡胶坝每年1 ~4 次向回灌坑(尹家人工湖)调水,回灌补源约为350 万 m³;西由拦河闸汛期向单山

洼台田沟引水,回灌补源约为 300 万 m^3。王河地下水库充分利用雨洪补给地下水,有效地防治了海水入侵,提高了地下水位,开辟了新的供水基地,极大地改善了周边地区的生态环境,提高了社会效益和经济效益,显示出良好的综合效益。

(一)灌溉效益

王河地下水库建成后,库区内农田灌溉保证率大幅提高,提高了工、农业生产能力,消除了库区老百姓的后顾之忧,稳定了生产和生活秩序。2004 年,王河地下水库库区农业亩产量接近翻番,显示了良好的回灌效果。经初步统计,受益灌溉面积为 4 000 hm^2,年增粮食 1 万 t,年经济效益约 3 000 万元。

(二)供水效益

目前,已建成日供水 1.5 万 t 的过西水厂开辟了莱州市新的供水基地,水厂若能正常运转,年供水量为 540 万 t,年直接经济效益约为 270 万元,若考虑工业用水,则年间接经济效益更为显著。

(三)节约效益

王河地下水库无拆迁移民和永久占地,无防洪安全要求,无溃坝之虑,同建设地表平原水库(按平均蓄水深 8 m 考虑,最大调节库容 3 273 万 m^3 计算)相比,可节约耕地约 6 000 亩,按较低水平地价 30 000 元/亩计算,可以节省投资 1.8 多亿元。

采用振动 - 沉模高喷组合防渗墙方案,根据墙体不同部位,分区选用不同的施工技术,其中高喷防渗墙单价约为 290 元/m^2,振动沉模防渗板墙单价约为 120 元/m^2,墙体上部采用振动沉模防渗墙比单纯采用高喷方案降低约 170 元/m^2,共计施工振动沉模防渗墙 2.2 万 m^2,合计节省投资约 374 万元。

第七章　黄水河地下水库工程设计

第一节　概　况

龙口市位于山东半岛的北部,滨临渤海,是一座新兴的以能源交通为主的城乡一体化的港口城市。龙口市地处黄水河下游冲积平原上,总面积为 893 km²,人口 63 万人,2006 年国内生产总值为 244.5 亿元,是全国经济竞争实力百强县之一。

黄水河发源于栖霞市的主山,流经蓬莱市、招远市,进入龙口市境内,然后流向北,注入渤海。黄水河流域属暖温带半湿润季风性大陆性气候,四季分明,季风进退明显。黄水河流域年平均气温 11.8 ℃,多年平均降水量为 583.1 mm,降水分布不均,72.9% 的降水集中在 6～9 月。黄水河流域面积为 1 034.5 km²,形成的水资源量只有 2.1 亿 m³,人均占有水资源量为 350 m³,为全国人均占有水资源量的 13.7%,属资源性缺水区。

黄水河河床坡陡流急,汛期大量洪水直泻入海。经水文测量及计算,通常年份的入海地表径流水量达 6 400 万 m³,而河流平原的地下潜流入海量在 250 万～310 万 m³,通常年份每年有近 7 000 万 m³ 的淡水流入大海。

改革开放以来,龙口市经济快速发展,工业用水和城市生活用水迅猛增加,过量开采地下水,导致沿海地带地下水位低于海平面,出现负值漏斗区,发生海水入侵,使得淡水资源咸化,生态环境恶化。据统计,1990 年龙口市海岸沿线出现 88.7 km² 海水入侵面积,河口区达 15.75 km²,海水入侵进一步加剧了用水的紧张程度。

为了解决用水紧张以及大量淡水流入大海而不能利用的问题,龙口市兴建了黄水河地下水库,拦蓄流入大海的淡水资源,并储存于地下,解决了用水紧张的问题,同时挡住了海水入侵,避免了进一步的生态恶化。

　　黄水河地下水库位于黄水河中下游,是利用干流河床及两岸地表以下的砂砾石含水层作为地下储水空间的松散介质地下水库,库区最下游边界(地下坝)距海岸线 1.2 km,库区内干流长 13 km。黄水河地下水库为大(2)型水利工程,库区回水总面积为 51.82 km²,地下水库总库容为 5 359 万 m³,最大地下水库调节库容为 3 929 万 m³。黄水河地下水库工程库区边界见图 7-1 中虚线围起的区域[30]。

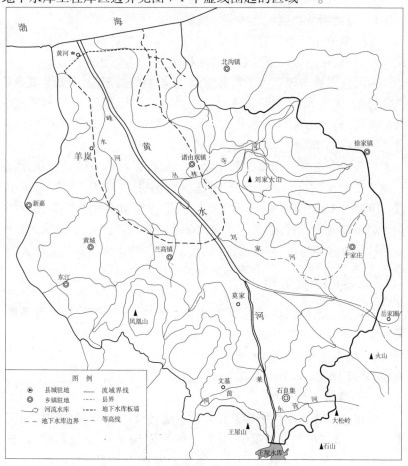

图 7-1　黄水河地下水库工程

第二节　地下水库建库条件分析

一、工程地质与水文地质概况

黄水河流域内地形总体是东南高、西北低,南部为低山丘陵,北部为平原。库区地貌特征主要表现为构造剥蚀、剥蚀堆积、侵蚀堆积、滨海堆积、海蚀剥蚀及风成地貌等地貌单元类型。

库区内分布的地层岩性主要为太古－远古界胶东群民山组变质岩系、燕山晚期侵入岩和第四系松散堆积层。

库区位于胶东隆起区的西北部,沂沭断裂带的东侧,属新华夏系第三隆起带,区内 NNE 向断裂最为发育,库区主要断裂如 NNE 向玲珑—北沟断裂(F_1)、苏家庄—丰仪店—东营断裂(F_2),以及近 EW 向断裂黄县断裂(F_8)等。

库区地下水可分为第四系孔隙水和基岩裂隙水两种,其中第四系孔隙水是主要的含水层。地下水化学类型分为 $HCO_3 \cdot Cl \cdot Ca$ 型、$Cl \cdot HCO_3 \cdot Ca$ 型两种,符合国家规定的生活饮用水水质标准;但对于黄水河下游海水入侵区,地下水氯离子及矿化度高,不符合国家规定的生活饮用水水质标准,将会对人民生活和农作物生长造成严重危害。

二、建库条件分析

建造地下水库时,一般需要考虑四个条件,即库容条件、水源条件、环境生态条件和可持续条件。一般而言,最基本和必要的建库条件有两个:一是需要有足够的天然地下储水空间(库容条件),二是需要有充足的清洁水源。

(一)库容条件分析

库区主要含水层为第四系孔隙含水层,分布于黄水河的现代河床、Ⅰ级阶地、Ⅱ级阶地和故道中,分布面积多达 50 km^2,砾质粗砂与亚砂土、亚黏土相间分布,含水的砂层厚度一般在 10 ~ 30 m,形成多层结构。库区内各含水层之间存在着广泛的水力联系,具有统一的自由水面,显示出地下水的潜水特征,是典型的冲积平原蓄水构造。地下潜水接受大气降水、季节性河水的垂直渗漏补给以及周边山丘区的基岩裂隙水的侧向补给,具有较大的储水空间,有着较好的调节能力。黄水河地下水库典型的地质剖面图见图7-2、图7-3[30]。

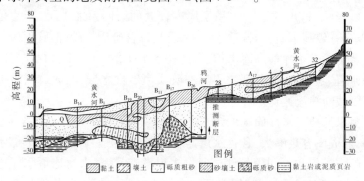

图 7-2　黄水河地下水库沿水流向地质典型纵剖面图

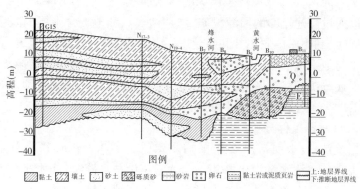

图 7-3　黄水河地下水库垂直水流向地质典型横剖面图

黄水河地下水库库区基底主要为第三系泥岩、泥质砂岩,局部为花岗岩,透水性差。由于基底受河流冲蚀和风化剥蚀作用,基底岩石表面形态呈向北倾斜的簸箕形,基岩顶面高程由河中游的 -24.7 m 降至入海口处的 -36.95 m,起伏较大。

库区南部为构造剥蚀山丘区,分布有下元古界的片岩、千枚岩及下白垩系安山凝灰岩地层、火成岩等。岩性透水性差,构成地下水库南部

隔水边界。库区东边的山丘区,由下第三系泥岩、砂质泥岩,岩性属微 –
极微透水层,构成良好的阻水边界。库区西边为剥蚀台地,上部有
1~2 m厚的火山喷发玄武岩,下伏为下第三系的泥岩、泥灰岩,基本不
透水,不存在向库外的渗漏通道。在库区西南边界,由于受黄县大断裂
的构造影响,近山前地带沉积了厚度较大的第四系细土层,即使是砂
层,也含有较高土质,岩性透水性差;虽局部含砾质粗砂,但其顶板分布
高程高于地下水库最高库水位,因此地下水库蓄水后,不会存在向西的
渗漏通道。只有库区北部边界存在砾质粗砂含水层,但通过兴建地下
坝可以截断渗流通道。

黄水河地下水库库区内含水砂层平均厚度为5~30 m,埋深为3~
10 m,形成库容足够大、各含水层连通性好、埋深适宜,满足地下储水空
间的库容条件和可利用条件。通过工程措施,在黄水河地下水库库区
内可形成相对封闭的空间,满足地下储水空间的封闭性条件。黄水河
地下水库库区大部分地区表层为弱透水层,上、下层水力联系不畅通,
但可以通过修建足够的回灌设施,增加地表水和地下含水层的联系通
道。同时,利用库区农用井和新建水厂水源地将地下水提到地表,实现
地表水与地下水的相互交换,从而满足地下储水空间的水量交换条件。
通过上述分析,通过一定的工程措施,该库区的蓄水构造满足地下储水
空间的四个条件,是相对良好的地下水储水空间。

（二）水源条件分析

据统计:黄水河流域多年平均降水量为583.1 mm,降水总量为
5.24亿 m^3,入境水量为0.76亿 m^3,通常年份总水量约为6亿 m^3,形成
的水资源量只有2.1亿 m^3。通常年份的入海地表径流水量达6 400万
m^3,而河流平原的地下潜流入海量在250万~310万 m^3,通常年份每
年有近7 000万 m^3 的淡水流入大海[30]。流入大海的淡水为黄水河地
下水库提供足够的回灌水源。

黄水河地下水库是沿黄水河中下游河床、阶地兴建的地下水库,黄
水河基本位于地下水库的中间位置,黄水河是黄水河地下水库的主要
补给水源。黄水河为季节性河流,每年有近7 000万 m^3 的洪水流出库
区,存在多余的水量。因此,黄水河河水水质得到有效控制,黄水河河

水满足补给水源的基本要求。

（三）环境生态条件和可持续条件

黄水河流域建有废污排放监督管理制度,对库区污染源采用集中管理;对工业废水,建有 38 km 长的排污管道,将废水排放入海;对于城区的生活污水,建立污水处理厂,进行处理后达标排放。

通过合理地设计地下水库,限制地下水库最高的地下运行水位和最低的地下运行水位,并对库区及库区地下水补给区的经济发展制定合理的环境规划和严格点污染控制规划,对库区地下水库的水资源制定科学的用水和补给规划,可以保证地下水库的可持续性。因此,黄水河地下水库满足地下水库建库的环境生态条件和可持续条件。

综上所述,通过一定的工程措施,黄水河地下水库可以满足地下水库建库的基本条件。

第三节　工程规划

一、地下水库静态调节计算

（一）库容特性曲线

黄水河地下水库的库容曲线采用纵向环形切割法,其方法是根据勘测点揭露的含水层厚度,作含水层厚度等值线图,按含水层给水度进行分区,采用纵向环形切割法计算库容,做出库容曲线,库容计算公式见式(7-1)。该法类似于等高程分区分层法。黄水河地下水库地下水位—库容关系详见表7-1。

$$V = \sum F_i M_i \mu_i \qquad (7\text{-}1)$$

式中　V——地下水库总库容,m^3;

$\quad\quad F_i$——第 i 区的面积,m^2;

$\quad\quad M_i$——第 i 区的有效含水层平均厚度,m;

$\quad\quad \mu_i$——第 i 区的含水层给水度。

表 7-1 黄水河地下水库地下水位—库容关系

水位（m）	0.9	-1.1	-3.1	-5.1	-7.1	-9.1	-11.1	-13.1	-15.1
库容（万 m³）	5 359.4	4 810.1	4 340.8	3 852.0	3 150.8	2 851.5	2 263.9	1 775.4	1 445.1

水位（m）	-17.1	-19.1	-21.1	-23.1	-25.1	-27.1	-29.1	-35.1	-37.4
库容（万 m³）	1 043.8	844.4	581.3	367.7	218.7	130.6	53.5	3.7	0

（二）地下水库特征水位

地下正常蓄水位也称为地下兴利水位或地下设计蓄水位。地下水库正常蓄水位主要考虑库区蓄水后的生态变化,特别是库区土地的次生盐渍化问题,为此应控制地下水位在当地土壤的毛细水上升高度以下。本地区地下水位的临界深度不少于 1.5 m(黄河高程),由此确定地下正常蓄水位为 0.9 m(黄河高程),库区内地下水位一般距离地表的平均埋深在 2.2 m 左右。

地下水库地下死水位指在正常运用情况下,允许落到的最低水位称为地下死水位。确定地下死水位需要考虑的因素有库区主要地下含水层的高程、合理开采地下水的经济降深以及地下水位过低引起生态环境问题的程度等,经过综合分析,黄水河地下水库的地下死水位采用 -15.0 m(黄海高程)。

（三）天然补给量和开采量

经统计,黄水河地下水库库区内地下水的天然补给量分别为:多年平均降雨入渗补给量为 562 万 m³,多年平均河川径流渗漏补给量为 1 292 万 m³,多年平均地下潜流补给量为 228 万 m³。基岩山区侧向渗流补给和井灌入渗补给量忽略不计。考虑到地下水有一定的埋深,潜水的凝结补给量和蒸发量忽略不计。

经计算,黄水河地下水库工业和城镇农村生活开采量(以 2000 年为水平年)为:龙口电厂年开采量为 1 136 万 m^3(保证率 97%),龙口矿务局年开采量为 540 万 m^3(保证率 95%),龙口港务局年开采量为 54 万 m^3(保证率 95%),浅海石油公司年开采量为 50 万 m^3(保证率 95%),山东油嘴油泵厂年开采量为 30 万 m^3(保证率 95%),山东省冷藏厂年开采量为 20 万 m^3(保证率 95%),乡镇企业年开采量为 288.8 万 m^3(保证率 90%),人畜用水量为 75.4 万 m^3(保证率 95%),地下水库库区内农业灌溉年开采量为 999 万 m^3(保证率 75%)。因此,黄水河地下水库多年平均开采量取为 3 193.2 万 m^3。

(四)黄水河地下水库静态调节计算分析

利用水均衡法的原理进行地下水库静态调节计算,确定地下水的缺水量和人工回灌补给量。地下水量调节遵循水量平衡的原则,即地下含水层水量的变化等于地下水补给量与地下水排泄量之差。经 31 年初步水量平衡计算,在自然补给地下水的情况下,地下水的补给不能满足开采的要求,开采量大于补给量,现状年平均缺水 1 538 万 m^3,需人工补给地下水 1 538 万 m^3。

二、地下水库初步规划

黄水河地下水库初步工程规划应考虑蓄水、供水与防治黄水河下游海水继续入侵的综合效益,规划年为 2000 年,龙口电厂供水保证率为 97%,龙口矿务局等重要企业供水保证率为 95%,乡镇工业供水保证率为 90%,生活用水供水保证率为 95%,农田灌溉供水保证率为 75%。

根据静态调节计算的成果,初步拟定建筑物的规模。拟建地下坝,以形成地下储水空间。通过兴建地下回灌工程,如表面拦蓄补源工程、黄水河河道内反滤回灌井人工渗渠工程,形成年人工回灌补给量为 2 425.9 万 m^3 的规模,以满足工业用水及生活用水。

三、地下水库工程规模的确定

通过调节计算和分析,黄水河地下水库平均年人工回灌补给量为 2 425.9 万 m^3,地下正常蓄水位为 0.9 m,最低水位为 −15.0 m,设计调节库容为 2 551.1 万 m³,其龙口电厂年供水量为 1 136 万 m³(保证率 97%),龙口矿务局年供水量为 540 万 m³(保证率 95%),龙口港务局年供水量为 54 万 m³(保证率 95%),浅海石油公司年供水量为 50 万 m³(保证率 95%),山东油嘴油泵厂年供水量为 30 万 m³(保证率 95%),山东省冷藏厂年供水量为 20 万 m³(保证率 95%),乡镇企业年供水量为 288.8 万 m³(保证率 90%),人畜用水量为 75.4 万 m³(保证率 95%),地下水库库区内农业灌溉年用水量为 999 万 m³(保证率 75%)。

四、工程规划

在黄水河地下水库调节分析和初定工程规模的基础上,根据地下储水空间的特性、地下水分布特征和用户的需要,进行详细的工程规划,最终确定地下坝工程、地下回灌工程和开采工程的位置、类型、规模。

(一)地下坝工程

通过兴建地下坝截断库内流出库外的地下潜流,形成库区内相对封闭的地下储水空间。地下坝西起羊岚镇东羔村西北(设计桩号 0 + 000),穿过黄水河,藏英河,东至诸由观镇小河口村北(设计桩号 5 + 842),距离渤海海岸线 1 200 m 左右,地下坝全长 5 842 m,最大坝高 42 m,其中入岩 1 m,设计墙顶高程 0.9 m(黄海高程)。

(二)地下回灌工程

回灌工程除利用已建成的反滤回灌井(即机渗回灌井)、人工回灌井和人工渗沟外,再增建部分反滤回灌井、人工回灌井和人工渗沟等地下回灌工程,以及表面拦蓄工程。地下回灌工程沿黄水河河道布置,表面拦蓄工程布置在河道上。

(1)建库前已建成 300 余眼反滤回灌井(较深的反滤回灌井,适用于地表弱透水土层厚度大于 5 m)、6 000 眼人工回灌井(较浅的反滤回灌井,适用于地表弱透水土层厚度小于 5 m)以及 448 条总长为 35 840 m 的人工渗沟。

(2)本次地下水库规划拟建 600 眼反滤回灌井、4 400 眼人工回灌井以及 175 条总长为 14 000 m 的人工渗沟。

（3）表面拦蓄工程包括六座梯级拦河闸。

第四节　工程设计方案和试验研究

一、地下坝工程设计

（一）坝轴线选择

黄水河地下水库地下坝坝轴线选择的基本原则如下：

（1）有效截断库区内地下水流出库区的过水通道，并尽可能形成较大的地下水库库容；

（2）坝址处覆盖层较浅或距库区不透水底板最短，以减少地下坝工程的造价；

（3）有效截断海水入侵的地下通道；

（4）地表尽可能地高于海水潮汐的高潮位；

（5）尽可能将海相地层拦在库外，避免含有残存的古海水影响库区地下水水质。

从黄水河中下游的含水层分布特点来看，含水层主要分布在库区黄水河河床、阶地和漫滩上，而黄水河河床、阶地和漫滩两侧为微－极微透水性的山丘区（东侧）和不透水的剥蚀台地（西侧），而南部为透水性差的构造剥蚀山丘区，西南边界为透水性差的细土层，只有库区北部边界存在流向大海的砾质粗砂透水层。由此可知，只要在黄水河下游修建地下坝，就可截断潜流通道，形成封闭的储水空间。黄水河地下水库地下坝坝址易选择在黄水河下游入海口附近，经分析对比，地下坝以距离海边 1 200 m 左右的位置比较合理，既能截断库区地下潜流流出，又能阻挡海水地下入侵，还能保证地下水库有较充分的地下利用空间。

在坝址处布置坝轴线时，还应考虑以下三个方面的问题：一是下伏地层岩性的成因，力求将海相地层排除在库区之外，因海相地层的含盐条件难以改变，水质受到直接影响；二是坝址一带为淡水含水层，便于地下坝施工和降低造价；三是坝址两端应为不透水岩层。

最终确定黄水河地下水库地下坝坝轴线为：西起羊岚镇东羔村西

北(设计桩号 0 + 000),穿过黄水河、藏英河,东至诸由观镇小河口村北(设计桩号 5 + 842),距离海岸线 1 200 m 左右,地下坝全长 5 842 m。

(二)地下坝方案比选

在工程设计中,考虑黄水河地下水库的地层情况和地下坝的施工工艺,选用两种地下垂直防渗墙方案进行经济技术方案比较,其中方案一为高喷灌浆垂直防渗墙方案,方案二为高喷灌浆防渗墙与地下连续防渗墙组合方案。方案二中对于地下坝坝高小于 30 m 的坝段采用高喷灌浆防渗墙,对于地下坝坝高超过 30 m 的采用地下连续防渗墙,地下连续防渗墙采用塑性混凝土或固化灰浆。

1. 高喷灌浆垂直防渗墙方案

高喷防渗墙采用旋喷和摆喷,墙体厚度为 0.3 ~ 0.8 m,其中高程 - 26.0 m 以下墙厚度为 0.8 m,孔斜率控制在 0.5% 以内。

高喷技术的基本特征是技术成熟,施工效率高,适应性强,成墙深度大,尤其是对于较纯的砂类,其防渗效果较好。不足之处是:施工控制比较复杂,成墙造价比较高,约 290 元/m²。

2. 高喷灌浆防渗墙与地下连续防渗墙组合方案

高喷灌浆防渗墙与地下连续防渗墙组合方案中设计桩号 2 + 782 ~ 4 + 479 段、4 + 985 ~ 5 + 230 段采用多头钻造孔的地下连续防渗墙;设计桩号 5 + 230 ~ 5 + 842 段应有玄武岩夹层,采用冲击钻造孔的地下连续防渗墙;其余段采用高喷灌浆防渗墙。

地下连续防渗墙采用膨润土塑性混凝土作为地下连续防渗墙的坝体材料,墙体厚度为 0.4 m。

3. 方案比选

主要从防渗效果和工程投资两方面进行地下坝方案比选。

从防渗效果来看,地下连续防渗墙防渗效果好,特别是较深的防渗墙更显示其优越性。高喷灌浆防渗墙主要用于墙高在 30 m 以内的防渗墙,超过 30 m 时其防渗效果不太理想,但是黄水河地下坝址处的地层中主要为砾质粗砂和黏土、亚黏土互层地层,如果合理选择施工工艺参数,严格控制施工质量,限制孔斜率在 0.5% 以内,可以避免因孔斜造成的墙体渗漏问题,达到防渗效果良好的目的。

从工程投资来看,地下连续防渗墙单位墙体造价为 300～450 元/m²(1991 年单价),高喷灌浆防渗墙单位墙体造价为 200～300 元/m²(1991 年单价),因此高喷灌浆防渗墙比地下连续防渗墙经济。

综合考虑,高喷灌浆防渗墙施工效率高,成本较低,适应性强,操作简单,成墙深度大,经过控制防渗效果较好,尤其是对于较纯的砂类,其防渗效果较好,同时便于当地施工队伍施工,节省投资,为此选定方案一高喷灌浆防渗墙方案。

(三)地下坝的主要指标

1. 主要设计指标

1)地下坝的厚度

影响地下坝厚度的主要因素有两个:一是在地下水库运行过程中,库内、库外的地下水存在一定的水位差,地下坝应承受一定的抗渗力,满足抗渗要求;二是考虑施工因素,在钻孔允许的最大倾斜度范围内,保证不同施工顺序的、最深处地下坝墙体结合部位的最小厚度。由此确定,地下坝设计厚度初步选定为 0.3～0.8 m,其中高程 -26.0 m 以下墙厚度为 0.8 m,高程 -26.0 m 以上墙厚度为 0.5 m,孔斜率控制在 0.5% 以内。

2)地下坝的渗透系数

为了保证地下坝的防渗性,要求地下坝的渗透系数 $K \leq 1.0 \times 10^{-6}$ cm/s。

3)地下坝的强度

地下坝的坝体材料应满足一定的强度要求,墙体所受应力不应超过坝体材料的抗压强度和抗拉强度。

2. 施工参数

通过现场围井试验,得出高喷灌浆防渗墙的施工工艺参数:

(1)主要灌浆材料为抗海水腐蚀的火山灰硅酸盐水泥,钻孔孔距为 2 m,摆动喷射角度为 30°,可以保证成墙连接的质量。

(2)工艺流程。对坝轴线进行放线定位→按 2 m 孔距定孔位,测孔口高程→施工导孔,测孔斜及终孔孔深(以深入隔水底板 1.0 m 为限)→喷头跟随管路下到导孔底部,开始喷射灌浆→不断摆动提升到

0.9 m 高程为止。观察孔内浆位,低于 0.9 m 高程时还要人工回浆补充。

轴线上布孔,分为一序孔和二序孔,相间排列。施工时,一序孔在先,相隔五昼夜后再施工二序孔,目的在于使一序孔施工的凝结体达到初凝程度,二序孔施工的凝结体与其连接紧密可靠。

(3)施工参数。高压水压力不低于 380 kg/cm²,水量 75 L/min 左右;气压 6 ~ 8 kg/cm²,气量不少于 60 m³/h;浆压 2.5 ~ 4.0 kg/cm²,浆量 75 ~ 80 L/min,进浆比重不低于 1.65,回浆比重不低于 1.25;砂层中提升速度为 8 cm/min,黏土、亚黏土中提升速度为 6 cm/min,摆动速度为 6 r/min[31]。

二、回灌工程设计

(一)回灌工程规划

黄水河地下水库人工补源回灌工程的任务就是采取切实有效的工程措施,尽可能在汛期多拦蓄洪水,并将洪水转存于含水层中。

回灌工程总体布局:地下回灌工程包括表面拦蓄补源工程和地下回灌补源工程两部分,其中地下回灌补源工程包括已建黄水河河道回灌工程和拟建黄水河河道回灌工程。

表面拦蓄补源工程包括 6 座梯级拦河闸,以扩大河道拦蓄水量。

已建黄水河河道回灌工程包括 300 余眼反滤回灌井(较深的反滤回灌井,适用于地表弱透水土层厚度大于 5 m)、6 000 眼人工回灌井(较浅的反滤回灌井,适用于地表弱透水土层厚度小于 5 m)以及 448 条总长为 35 840 m 的人工渗沟。

拟建黄水河河道回灌工程包括 600 眼反滤回灌井、4 400 眼人工回灌井以及 175 条总长为 14 000 m 的人工渗沟。

(二)回灌工程试验研究

为合理确定反滤回灌井和人工回灌井的单井回灌量,在河道中选定具有代表性的两眼反滤回灌井和两眼人工回灌渗井,布置 19 眼地下水位观测井,进行河道行洪时的回灌模拟试验,试验历时 35 d。

试验模拟黄水河行洪时,挟带泥沙河水的渗入反滤回灌井和人工回灌渗井的回灌量,作为评价反滤回灌井和人工渗井的依据,试验得出反滤回灌井和人工回灌渗井的单井回灌量分别为 404 m³/d 和 76 m³/d。该值代表同类渗井在一年中行洪期及地表径流相对稳定条件下的单井(单渠)回灌能力。

(三)表面拦蓄补源工程设计

表面拦蓄补源工程包括 6 座梯级拦河闸,通过扩大河道拦蓄水量,增加入渗补给量。

6 座梯级拦河闸均修建在黄水河中下游的主干河道中,闸型均为水力自控式钢筋混凝土翻板闸,其中黄河营拦河闸是黄水河下游临海的一道闸,与地下截渗板墙连接,除拦蓄河水外,还起到阻挡海水的作用,避免入海口处河道中高潮位海水上溯进入库区。6 座拦河闸一次性最大拦蓄地表水的能力达 360.5 万 m³,可回水总长度为 12.690 km,占河道干流长的 50%,可回水区范围内控制的反滤回灌井 288 眼,控制的人工回灌渗井数 1 635 眼。6 座拦河闸的具体指标见表 7-2[31]。

表 7-2　拦河闸的具体指标

闸名	闸长 (m)	闸高 (m)	最大拦蓄量 (万 m³)	最大回水长度 (m)	回水区控制井数	
					反滤回灌井(眼)	人工渗井(眼)
侧高闸	172.5	2.5	54.0	2 400	54	37
吕家闸	172.5	2.5	24.0	810	30	280
西张闸	183.4	2.5	56.0	1 980	70	232
妙果闸	189.5	2.5	87.0	3 000	94	721
冶基闸	178.4	3.0	57.0	2 000	40	365
黄河营拦河闸	195.4	2.5	82.5	2 500	—	—

黄水河是一个季节性河流,6 座拦河闸的建设可保持闸内每年蓄水时间达 60 ~ 300 d,大大地延长了反滤回灌井和人工回灌渗井的工作时间,地下水回灌量每年可增加 1 193.4 万 ~ 5 967.0 万 m³。

(四)回灌工程设计

拟建回灌工程包括 600 眼反滤回灌井、4 400 眼人工回灌井以及 175 条总长为 14 000 m 的人工渗沟。

20 世纪 60 年代,黄水河中下游的天然河道裁弯取直,筑起人工堤,使河道通畅,河水直泄入海,结果是河水流动途径大大缩短,河水入渗量显著减少。特别是人工河道中漫滩相的细土层显著增加,河床表层为不同厚度的亚黏土和亚砂土层覆盖,削弱了地表径流与地下水的联系,为此采用人工增渗的方式,利用反滤回灌井打通相对隔水的细土层,以增强人工河道的入渗能力。

根据河道中细土层厚度的不等,采用不同形式的回灌井。对于表层土厚度小于 5 m 的河床段,采取人工开挖的方式,形成直径为 1 m 的人工回灌渗井。人工回灌渗井挖穿表层土,深入下伏砂层 0.5 m,然后在境内分别回填河卵石、砾石及粗砂,做成反滤结构,以形成河水下渗通道。

当河道表层土厚度大于 5 m 时,通过钻进形成反滤回灌井,井径为 800 mm,井深为 15 ~ 20 m,设有管径为 400 mm 水泥滤水管,水泥滤水管与井壁间回填粒径为 2 ~ 4 cm 的砾石。反滤回灌井一般打穿表层土和第一个砂层,与深部潜水含水层直接连通。洗井后,井口设带有锥形孔的水泥井盖,孔径为 1 ~ 2 cm,孔数 24 个左右,上覆粗砂层,做成反滤结构,以形成河水下渗通道。

三、排污和监测工程设计

(一)排污工程设计

对黄水河中下游(上游已由大型地表水库管理)的工业废水进行集中收集和处理,通过铺设 38 km 长的排污管道,将处理后的污水排入大海。

对于城区的生活污水,建立污水处理厂,进行处理后达标排放。

　　建立长效治污机制,加强流域,特别是库区的废污排放管理,严格控制将污水排入黄水河河中。

(二)监测工程设计

　　地下水库监测系统共分为两部分:建筑物安全监测和库区地下水监测。

　　1.建筑物安全监测

　　建筑物监测包括地下坝监测和拦河闸安全监测。

　　为监测地下坝的运行状况,通过设置水位计以观测地下坝内、外的地下水位,通过设置地下坝坝顶的位移观测点以监测地下坝位移情况,通过埋设在地下坝坝体内的应力应变计和土压力计以监测地下坝坝体承受的应力情况,通过设置地下坝坝顶的测斜仪以监测地下坝坝身的竖向变位。

　　拦河闸安全监测内容设有位移观测和渗水压力观测等。

　　2.库区地下水监测

　　库区地下水监测包括地表水监测、库区内地下水位动态观测和地下水水质监测。

　　地表水监测有:在羊岚、黄城、诸由观、兰高设置雨量站观测点,在黄水河进入、流出库区的拦河闸设置测流仪和水质采集点,以观测黄水河流量和监测河道内地表水水质。

　　库区内地下水位动态观测有:在库区设置11个地下水位专用观测井监测地下水位,利用库区内44眼开采井兼带观测地下水位和开采量。进行库区地下水动态管理,可以掌握地下水开采的主动权,了解开采漏斗的动态变化。当没有海水入侵时,可以放心地加大地下水的开采范围,动用更多的储存量,来应付干旱时期的缺水局面。

　　地下水水质监测有:建立13个地下水质监测点,以监测地下水水质状况。其中,坝内侧设3个,以监测海水倒渗情况;库区设5个农业用水水质监测点,设5个工业生活用水水质监测点。采用人工采样、化验,再送到中心站分析鉴定。

　　黄水河地下水库管理局设水质化验室,置备整套化验仪器等。

第五节　经济效益分析

　　黄水河流域作为全市的主水源地,不仅担负着全市的工业、农业用水,而且近几年也担负起城市生活用水和流域生态用水的重担。黄水河地下水库的建设,使流域内的地下水供给得到了有效保障,产生了良好的经济效益、社会效益和生态效益。

一、经济效益

　　通过建设地下水库,把汛期拦截的洪水强制转化、入渗到含水层中,减少了入海水量,增加了入渗补给量,以供非汛期时沿岸工业、农业用水需求。

　　据统计,地下水库人工回灌增加的地下水量,使43家因缺水而停产或半停产的企业重新投入生产,同时促进了一些新项目的投产,如丛林集团3.8万kW热电厂及球墨铸铁管厂的上马。同时,保证了龙口电厂三期工程40万kW机组运行投产及从地下水库年取水1 000万 m³的要求,仅此一项,每年就增加社会产值400亿元[32]。

　　人工回灌增加的地下水量,保证了农业生产用水,为农业持续高产增强了后劲,在干旱较严重的1997年,粮食产量仅比1996年减产0.77%,同胶东半岛其他县市粮食产量平均较1996年减产24.44%相比,地下水库受益区内的粮食产量少减产24 110 t,仅此一项直接经济效益就为3 570万元[32]。

二、生态环境及社会效益

　　黄水河地下水库系统工程投入运行后,有效地改善了黄水河流域的水环境,在缓解水资源供需矛盾、保障经济建设和城镇生活用水等方面发挥了积极作用,同时为流域综合治理及滨海地区防止海水入侵提供了可借鉴的经验。

(一)改善生态环境

　　地下水库的建成运行,使库区地下水位平均上升了2.43 m,一大批已报废的农用机井又恢复了作用;地下坝的建造,有效地阻止了海水的继续入侵,使库区内地下水的氯离子含量大大减少,一些因海水污染被迫停用的工业自备井又被重新启用,200 hm^2 因海水侵染濒临绝产的高产粮田重新得到启用,黄河营拦河闸前引来了成群的水鸟,生态效益十分明显。

(二)改善水质

地下水库建成后,特别是自1996年起,黄水河流域的地下水位保持了逐步上升的趋势,库区内地下水的氯离子含量大大减少。同时,由于黄水河沿线企业产生的污水得到集中汇集和处理,河水水质也由1990年的IV类水质达到了目前的II类水质。库区地下水和地表水水质得到了极大的改善。

(三)地下水位回升

黄水河地下水库建成运行后,库区地下水位持续上升,使黄水河流域乃至龙口市的地下水位负值区面积大量减少,海水入侵区也逐步萎缩。龙口市水资源办公室的调查资料表明,自1995年以来,龙口市全市的地下水负值区面积一直在以极快的速度减少,已由1995年的240 km^2 变成2004年的79 km^2,海水入侵区面积也由1995年的108 km^2 减少至81 km^2。

随着黄水河地下水库的进一步完善,地下水位负值区和海水入侵区的面积也会随之减少,生态环境会进一步地改善,黄水河沿岸的群众再也不会受到海水入侵所带来的危害。

第八章　地下水库存在的
主要问题和发展前景

第一节　存在的主要问题

地下水库是一种新生的、重要的蓄水水利工程。本书介绍的松散介质地下水库设计基本理论还不成熟,仍存在一些值得探讨和需要进一步研究的问题,如地下泄水建筑物等地下水库特有建筑物的结构设计问题,库内残留咸水体处理问题,回灌水对地下水水质影响的问题,反滤回灌井的淤积堵塞问题,以及地下水库的管理模式等。

另外,在王河地下水库设计中,虽然认识到库区内部分地下水已受到不同程度的海水侵染,但没有采取专门处理库内残留咸水体的工程措施,只能利用丰水年地下水外排降低库内残留咸水体的含量,或利用被动的、逐渐淡化的方法来稀释库内残留咸水体。

第二节　发展前景

随着我国国民经济的持续发展,工农业用水和城镇生活用水急剧增加,水资源供需矛盾日益突出,尤其在我国北方地区,水资源短缺已成为制约经济可持续发展的主要因素。在地表水资源已充分开发利用的情况下,合理开发和有效利用地下水资源就显得十分迫切和重要。

在开发和利用地下水资源的过程中,由于过度开采地下水,地下水位大幅下降,引起地面沉降、农用井的报废等一系列的问题,这需要引导人们主动、科学、合理地利用地下水资源,建立地下水库就是一个主动利用地下水资源的重要举措。

地下水库是一种主动性、有目的地储存、调节和利用地下水资源的工程措施,尤其是可以利用多余的洪水,改善干旱地区的缺水程度,提高流域水资源的利用率。

对于雨洪集中的季节性河流区域，地下水库可以将原来难以利用的洪水储存于含水层内，进行地面水、地下水的联合调度运用，合理科学利用水资源；对于滨海地区，地下水库不仅可以阻挡海水入侵，还可将流入大海的河水储存于含水层中，回补地下水。这些都可以大大地提高水资源的利用率，缓解水资源短缺的矛盾，对干旱缺水地区工农业的发展具有重要的现实意义。可以说，地下水库将是我国继地表山区水库、平原水库之后兴起的又一类重要的蓄水水利工程。

地下水库除具有回补地下水、增大供水能力、节省投资和一定的防洪能力外，还具有地面水库无法比拟的优点，它基本上不占用耕地、不存在移民搬迁安置；它可以恢复地下水位，避免大范围的地面沉降；它可以防止海水侵染，避免地下水水质恶化等。因此，有许多人都将21世纪看成是地下水库发展的世纪，地下水库具有广阔的发展前景。

松散介质地下水库的设计理论为松散介质地下水库工程的设计提供了基本的设计理论和依据，它必将随着地下水库的广泛建设发挥越来越重要的作用，自身也会得到不断的完善和进一步的发展，并会在蓄水水利工程学中占有一定的位置。

附件:作者有关地下水库的研究成果

一、科技成果

(1)《松散介质地下水库设计理论研究与应用》获2008年大禹水利科技进步二等奖。授奖人员:耿福明,李旺林,刘长余,杜青,贾乃波,李桂国,束龙仓,邓继昌,李倩文,迟海燕。

(2)《松散介质地下水库设计理论和应用技术研究》获2007年山东省水利厅科技进步一等奖。授奖人员:李旺林,耿福明,刘长余,杜青,贾乃波,李桂国,束龙仓,邓继昌,李倩文,迟海燕。

(3)《地下水库设计理论初探》一文于2005年获中国水利学会第二届青年科技论坛优秀论文奖。授奖人员:李旺林,束龙仓,殷宗泽。

二、专利

(1)李旺林,等.土工织物反滤回灌井[P].中国实用新型专利,ZL.2010 2 0549389.2,2011-08-10.

(2)李旺林,李英特,费志通.圆形自渗回灌井井口装置[P].中国实用新型专利,ZL.2011 2 0390905.6,2012-05-30.

(3)李旺林,李英特.方形自渗回灌井井口装置[P].中国实用新型专利,ZL.2011 2 0390982.1,2012-05-30.

(4)李旺林,李英特,王荣军.椭圆形自渗回灌井井口装置[P].中国实用新型专利,ZL.2011 2 0390913.0,2012-05-14.

(5)李英特,李旺林.流线形自渗回灌井井口装置[P].中国实用新型专利,ZL.2011 2 0390985.5,2012-05-30.

三、著作、报告

(1)李砚阁,束龙仓,刘玉峰,杜新强,李旺林,颜勇.地下水库建设研究[M].北京:中国环境科学出版社,2007.

（2）李旺林,杜青,刘本华,等. 烟台市供水项目王河地下水库供水工程施工图设计说明书[R]. 济南:山东省水利勘测设计院,1999.

四、论文

（1）李旺林,束龙仓,殷宗泽. 地下水库的概念和设计理论[J]. 水利学报,2006,37(5):613-618.(EI).

（2）李旺林,殷宗泽,李桂国,迟海燕.砂土一维循环压缩试验及在地下水库中应用[J].岩土力学,2007,28(10):2145-2148.(EI).

（3）李旺林. 反滤回灌井的结构设计理论和方法[J]. 地下水,2009, 31(1):126-129.

（4）Wang Lin Li, Ying Te Li. Influence of Sediments on Permeability of Recharge Well with Filter Layer during Artificial Recharge of Groundwater[J]. Advanced Materials Research,2011, 255-260, 2806-2809. (EI).

（5）Li Wanglin,Sang Guoqing,Li Yongshun. The Construction Mode of Groundwater Reservoir Utilized of Rain and Flood Water,and its Development Prospect in SHANDONG Province [A]. Proceedings from 2008 High-level International Forum on Water Resources and Hydropower[C]. Beijing,China,2008(10):153-156.

（6）李旺林,殷宗泽. 地下水库的认识和实践[A].中国水力发电工程学会2004年水工专委会学术交流会议学术论文集[C].2004:146-151.

（7）李旺林,李桂国. 王河地下水库的设计与实践[A]. 地下水库建设学术讨论会论文集[C]. 南京,2005:26-32.

（8）李旺林,束龙仓,殷宗泽. 地下水库设计理论初探[A]. 中国水利学会第二届青年科技论坛论文集[C].郑州,黄河水利出版社,2005:359-362.

（9）李旺林,束龙仓,李砚阁,李桂国. 承压－潜水含水层完整反滤回灌井的稳定流计算[J]. 工程勘察,2006(5):27-29.

（10）李旺林,束龙仓,李砚阁.地下水库蓄水构造的特点分析与探讨[J].水文,2006,26(5):16-19.

(11)李旺林.从美国的 ASR 看我国地下水库的发展[N].4 版.中国水利报现代水利周刊,2006-06-22.

(12)李旺林,束龙仓,李砚阁,李桂国.承压含水层非完整反滤回灌井的稳定流计算[J].水文地质工程地质,2007,34(2),67-70.

(13)李旺林,毕德义,李桂国,王卫山.承压含水层完整反滤回灌井稳定流计算[A].第十界土力学及岩土工程学术会议论文集中册[C].重庆:重庆大学出版社,2007:494-497.

(14)刘青勇,杜贞栋,黄继文,李旺林.滨海地区生态建设与雨洪水资源化——以莱州市王河流域为例[A].中国水利学会 2007 学术年会雨水利用与社会经济环境可持续发展分会场论文集[C].2007:52-55.

(15)Li Wanglin,Dong Weijun,Li Yongshun. The Research on Underground Cut-off Seepage Technology in Wanghe Groundwater Reservoir[A]. Flow in Porous Media——From Phenomena to Engineering and Beyond (Conference Paper from 2009 International Forum on Porous Flow and Applications)[C]. Orient Academic Forum Publishers, Sydney Australia, 2009. 4,784-788.(ISTP)

(16)李旺林,李桂国,李英特,张宙云,王卫山.王河地下水库工程规划设计[J].中国农村水利水电,2010(增):24-26.

(17)李旺林,李英特.山东省地下水库的建库模式和快速回灌技术[J].人民黄河,2010,32(10):72-73.

参 考 文 献

[1] 李旺林. 松散介质地下水库设计理论研究[D]. 南京:河海大学,2007.

[2] 国家技术监督局. GB/T 14153—93 水文地质术语[S].

[3] 林学钰. 论地下水库开发利用中的几个问题[J]. 长春地质学院学报,1984 (2):113-121.

[4] 赵天石. 关于地下水库几个问题的探讨[J]. 水文地质工程地质,2002(5):65-67.

[5] 杜汉学,常国纯,等. 利用地下水库蓄水的初步认识[J]. 水科学进展,2002,13 (5):618-622.

[6] 李旺林,殷宗泽. 地下水库的认识和实践[C]//中国水力发电工程学会2004 年水工专委会学术交流会议学术论文集. 2004:146-151.

[7] 李旺林,束龙仓,殷宗泽. 地下水库的概念和设计理论[J]. 水利学报,2006,37 (5):613-618.

[8] 杜新强,李砚阁,冶雪艳,等. 地下水库的概念、分类和分级问题研究[J]. 地下空间与工程学报,2008,4(2):209-214.

[9] 杉尾哲,泊清志,白地哲也,等. 关于有效利用地下水库的研究[A]. 赴日本考察地下水库建设技术报告[C]. 济南:山东省水利科学研究院,1989:34-44.

[10] 李旺林,束龙仓,李砚阁. 地下水库蓄水构造的特点分析与探讨[J]. 水文, 2006,26(5):16-19.

[11] 钱学傅. 中国蓄水构造类型[M]. 北京:科学出版社,1990.

[12] 汪文富. 贵州普定马官岩溶地下水库成库条件及效益研究[J]. 中国岩溶, 1999,18(1):48-55.

[13] 王泳. 福建省莆田市湄洲岛地下水库试验工程[J]. 水利科技,2004(3):38-40.

[14] 李砚阁,束龙仓,刘玉峰,等. 地下水库建设研究[M]. 北京:中国环境科学出版社,2007.

[15] 谢娟,姜凌. 地下水人工补给水质的研究[J]. 西安工程学院学报,2002,24 (4):67-72.

[16] 周维博,施坰林,杨路华.地下水利用[M].北京:中国水利水电出版社,2007.

[17] 毛昶熙.渗流计算分析与控制[M].2版.北京:中国水利水电出版社,2003.

[18] 薛禹群,刘金山,朱学愚,等.地下水动力学原理[M].2版.北京:地质出版社,2003.

[19] 中华人民共和国国家质量监督检验检疫总局,中华人民共和国建设部.GB 50027—2001供水水文地质勘察规范[S].

[20] 水利电力部水利水电规划设计院.水利水电工程地质手册[M].北京:水利水电出版社,1985.

[21] 刘花台,王贵玲,朱延.地下水开采量调查和校核方法探讨[J].水文地质工程地质,2004,31(5):109-111.

[22] 李呈义,李道真,等.八里沙河地下水库拦蓄调节地下水技术试验研究[J].山东水利科技,1995(2):1-5.

[23] 余强,赵云章,苗晋祥,等.南水北调中线工程地下水库的基本特征与调控管理[J].水科学进展,2003,14(2):209-212.

[24] 王秀杰,练继建,杨弘,等.石家庄市滹沱河地区地下水库研究[J].水利水电技术,2004,35(9):5-7.

[25] 李旺林,殷宗泽,李桂国,等.砂土一维循环压缩试验及在地下水库中应用[J].岩土力学,2007,28(10):2145-2148.

[26] 郑秀培.土石坝地基混凝土防渗墙设计与计算[M].北京:水利电力出版社,1979.

[27] 毛昶熙.渗流计算分析与控制[M].2版.北京:中国水利水电出版社,2003.

[28] 周维博,施坰林,杨路华.地下水利用[M].北京:中国水利水电出版社,2007.

[29] 李旺林,杜青,刘本华,等.烟台市供水项目王河地下水库供水工程施工图设计说明书[R].济南:山东省水利勘测设计院,1999.

[30] 张宝祥.黄水河流域地下水脆弱性评价与水源保护区划分研究[D].北京:中国地质大学,2006.

[31] 刘溱蕃,孟凡海,张树荣.龙口市滨海地下水库系统工程[J].勘察科学技术,2003(6):47-52.

[32] 杜红菊,王毅,孙少静.龙口市黄水河流域雨洪资源利用模式探讨[J].山东水利,2009(2):31-33.